影響力的要素

如何讓人對你心悅誠服

ELEMENTS OF INFLUENCE

The Art of Getting Others to Follow Your Lead

泰瑞・貝肯——著

TERRY R.BACON

譯——洪慧芳

【推薦序】

影響力完全解放的時代

◎莊豐嘉

媒體人最大的成就感是什麼？絕非只是傳遞資訊而已，而是透過資訊和知識的傳播，影響一個社會、甚至國家。我們可以說，媒體就是無時無刻、想方設法影響他人的一個行業。網路時代從四面八方而來的影響，不計其數，媒體要如何才能夠建立真正具有權威的公信力和影響力，也面臨了更嚴苛的考驗。

怎麼才能有效發揮影響力？本書揭開了影響力的神祕面紗，令人感到振奮。作者泰瑞・貝肯（Terry R. Bacon）在書中雖然討論的是個人，但他提到幾項提升影響力的主要來源如：人脈、知識、聲譽、個性和表達力，顯然更適用在網路時代的社群影響力。應該說，不只是適用，而是在網路社群中，這些技巧對影響力的施展，將更為大放異彩。

尤其在獨立媒體和公民新聞崛起的此際，這些新媒體，既不具有主流媒體的傳統優勢，又必須和廣大的網民建立合理而密切的信任關係，從無到有，格外艱辛。幸運的是，社群世界中的媒體特質，和個人特質可說沒什麼兩樣。

麥克魯漢（Marshall McLuhan）曾經說過：「訊息即媒體」。如今，每一個公民都是一個媒體，可以想見，這個時代也將是影響力獲得完全解放的時代，你必須去影響他人，也隨時受到他人的影響，而且是分分秒秒在相互影響，因為行動手機也透過電子郵件、LINE 和 facebook 隨時提醒我們新的資訊。

當我看到書中寫著：「『你需要為自己創造出需求……把工作做好，就可以為自己創造需求。』聲譽就是這樣累積的。你持續把工作做好，大家就會注意到並且口耳相傳。」這段話對於一個具有理想性格的網路媒體工作者而言，真是莫大的鼓舞。

但影響力的本質並不只是如此。現在的媒體或個人，無法像傳統媒體那樣躺在報架上等著被挑選，或是等著遙控器被打開；而是必須主動出擊，傳播資訊，影響決策。如今，從臉書而來的讀者，往往比直接到新聞網站的讀者還要多。這就是一個明證。

所謂「政治是你不想理他，他也會來理你。」同樣的，你就算不想影響他人，但你也應該知道，你是如何被影響的。

（本文作者爲新頭殼新聞網總製作）

作者序

我的職業生涯大多在研究領導力（leadership），也因此我相信，領導——真正的、實在的領導——從來不是一種控制、脅迫或支配的行為，而是一種影響力。真正的領導人不會想要逼人屈服，而是讓人心悅誠服。他不會把個人意志強加在他人身上，而是奉行他人也嚮往的核心理念和原則。他發動改變，因為他期待更好的遠景，其他人也相信那是比較好的方式，所以起而效尤。

當然，有不少人並非真正的領導者，而是偽裝成領導者的模樣，例如希特勒、史達林、毛澤東、墨索里尼、阿敏（Idi Amin，烏干達前獨裁者）、杜伊（Samuel Doe，賴比瑞亞前總統）、波布（Pol Pot，柬埔寨共產黨〔紅色高棉〕領導人）、蘇哈托、海珊、齊奧塞斯庫（Nicolae Ceau escu，羅馬尼亞前獨裁者）、何內克（Erich Honecker，東德前國家主席）、米洛塞維奇（Slobodan Milosevic，塞爾維亞前總統）、穆拉迪奇（Ratko Mladic，波斯尼亞塞裔的前軍事指揮官）、杜瓦利（Jean-Claude Duvalier，海地前獨裁者）、諾列加（Manuel Noriega，巴拿馬前軍事獨裁者）、皮諾切（Augusto Pinochet，智利前獨裁者）、金日成、金正日、穆加貝（Robert Mugabe，辛巴威總統）、馬可仕、格達費、巴希爾（Omar al-Bashir，蘇丹總統）、卡斯楚、柯瑞許（David Koresh，美國大衛支派領袖）、吉姆·瓊斯（Jim Jones，人民聖殿教領袖），以及其他號稱領導人的獨裁者。他們賦予自己神聖的權威，沉浸在志得意滿的榮光中，濫用權力欺騙、賄賂、奴役或威嚇他人就範。將這稱之為領導，就好像說考試作弊是種學術風範一樣。

我後來也相信，管理雖是崇高、必要的專業，卻不該和領導混為一談。管理是組織的副產品，我們需要有效率地掌控組織的元素、人才、流程，所以管理應運而生。管理者憑藉其職位的權威來管控下屬，雖然這種合法的權威賦予他們指揮、管控營運及預算的權力，但這不足以讓他們成為領導者。當然，管理者可能是領導者，但領導者不見得是管理者。事實上，真正的領導力通常來自於缺乏正式權力的個人，對於原本可望成為領導者的人來說，正式的權力甚至可能有礙其領導力的培養，他們可能受到職權的誘惑，永遠沒學會以真實的自我領導他人。管理是崇高、必要的專業，但是領導相對於管理，就像繪畫相對於按數字著色，是兩碼事。

獨裁者是威嚇就範，管理者是管控駕馭，領導者則是發揮影響力。

領導力最令我好奇的地方，不在於領導者為什麼會想要領導大家，而是追隨者為什麼會願意追隨領導。我研究過歷史上的領袖或一些企業的領導者，我常自問：「為什麼有人肯追隨這個人？這個人有什麼魅力、趣味、吸引力或鼓舞人心之處？」當然，大家追隨領袖的原因有很多，優秀的領導者可能是以廣博的學識來啟發大眾，追隨者或許會對自己說：「我可以從他的身上學到東西。」人脈亨通的領導者可能透過五湖四海的人脈累積一大群追隨者，那些人都希望能像他一樣投入、左右逢源。地位崇高又強大的領導者可能會吸引胸懷大志的追隨者。有時候追隨者是受到領導者的身分啟發，例如科技創新與創業界的比爾・蓋茲，民運界的金恩博士，時尚界的凱文・克萊，女權主義的潔玫・葛瑞爾（Germaine Greer）。

在我研究成功的領導者時，我發現他們在某些方面都有過人之處，可能是學識或能力過人、擅長溝通、充滿魅力、地位崇高、掌握許多資訊、人脈亨通、備受敬重，或是獨樹一格。我在上一本著作《權力的要素》（*The Elements of Power: Lessons on Leadership and Influence*）中，探討過這些因素以及權力的其他來源。建立權力基礎，是領導或發揮影響力的先決條件。沒有權力，就沒有領導或影響力可言。有了權力，就有**資格**領導或影響他人，但是還是要採取行動，讓人心悅誠服，才算是領導或發揮影響力。本書探討的是領導者發揮影響力的方式。

過去幾十年來，市面上出現一些探討影響力的書籍，但那些書大多把焦點放在行銷者、廣告商、零售商如何影響消費者上。那些見解雖然不錯，但是大多數人並不需要寫行銷文案、設計廣告活動、決定商品價格，或規劃銷售策略。多數人面對的是比較典型的影響力和領導力挑戰：他們想知道如何說服潛在的捐助者捐款以支持某個理念，如何說服老闆加薪，如何說服他人投票給自己偏好的候選人，如何叫青少年保持房間乾淨等等。本書探討的是這些日常生活的影響力挑戰。無論你是誰，在哪裡工作，工作內容是什麼，你如何讓人對你心悅誠服？

關於書中代名詞和公司名稱的使用

本書舉例時，我會盡量避免使用麻煩的雙重代名詞：他或她、他的或她的等等。雖然這些說法是為了涵蓋不同的性別，卻顯得相當累贅。當我假設或舉例說明時，我會改用代名詞的複數形式（無需指明性別），或是交替使用不同的代名詞，有時用他，有時用她；選擇是隨機的，以表示性別和假設的主題沒什麼關係。

在書中，我也會提到知識學院（Lore）、國際知識學院（Lore International Institute）、光輝國際顧問公司（Korn/Ferry International，還有光輝國際的意見領袖分支機構光輝學院〔Korn/Ferry institute〕），羅明格公司（Lominger）。光輝國際顧問公司是母公司，是從高階人力銀行起家，後來透過內部成長和併購，拓展到領導力和人才諮詢的領域。二〇〇八年十一月，光輝國際收購國際知識學院，更早之前則收購了羅明格公司，現在這些公司都屬於光輝國際的一部分，但如果早年的研究是那些原始公司所做的，為了資料的準確性，我會使用原公司的名稱。

權力和影響力的全球研究

附錄B中，我說明了我在知識學院做的全球權力和影響力研究，那份研究始於一九九〇年，延續至今，是以三百六十度評估法「影響效果調查」（Survey of Influence Effectiveness，簡稱

SIE）為基礎。過去二十年間，我們的資料庫持續成長，如今有六萬四千多個參試者，三十幾萬名受訪者。這份研究讓我和同仁更深入了解權力來源的強度、使用不同影響方法的頻率和效力、各種方法適合不同文化的程度，以及大家對二十八種影響技巧的熟練度。由於這項研究是全球性的，我們可以看到全球四十五國運用權力和影響力的差異。想了解這項全球研究的詳細結果，請上 www.theelementsofpower.com。

謝辭

撰寫本書及上一本《權力的要素》期間，我有幸承蒙許多人的鼎力相助。首先，我想感謝光輝國際同仁的協助，布魯斯．史皮寧（Bruce Spining）在專案期間多次協助我研究。喬伊．梅斯亞克（Joey Maceyak）管理「影響效果調查」（SIE）資料庫，設計幫我擷取與分析資料的程式。蘇珊．庫內特（Susan Kuhnert）幫我整理專案的研究和管理，大衛．顧爾德（David Gould）為我取得書中的資料。我也要感謝唐娜．史都華（Donna Stewart）的跨文化研究，以及潔德．麥斯特森（Jade Masterson）鍥而不捨地爭取核准，非常感謝以上諸位。

我也想感謝在美國管理協會長期和我合作的編輯艾倫．卡丁（Ellen Kadin），還有艾麗卡．斯佩爾曼（Erika Spelman），她可說是作家夢寐以求的編輯。書籍出版是作者與出版商之間的合作，我非常感謝艾倫、愛麗卡及他們的同事為本書的付出。

最後，我要感謝內人黛柏拉在看似無盡的寫作過程中，給我的關懷與體諒。寫作是很多人無法完全了解的熱情，黛柏拉雖然不是作家（她是攝影師），但她完全包容我的寫作熱情，讓我盡情躲在個人天地裡寫作，非常感謝她的無限耐心。

目次

PART III　影響力的黑暗面　233

前言

人類是社群動物，我們的世界之所以能夠運轉，是因為我們以多種方式彼此互動，相互影響。我們培養權力基礎（來源於一些個人和組織），用這些權力來影響他人的想法、感覺和行動，所以能夠以想要的方式和他人互動。當我們學會如何說服他人照著我們的話去做，接受我們的觀點，對我們心悅誠服，參與我們的理念，感受到我們的興奮，或購買我們的產品與服務時，我們在職場與生活上就成功了。

在一開始，我們需要釐清一個觀念：影響力不是少數人所擁有的神奇力量。這世上的每個人隨時隨地都在發揮影響力。當我們希望別人為我們做事、認同我們、相信某事、挑選某物、以特殊的方式思考、接受我們的觀點，或是改變行為時，都是在發揮影響力。就連問候他人這個簡單的舉動也是一種影響力的展現（你想說服對方你是友善、沒有敵意的；你想影響對方，讓他也以不帶敵意的方式對待你）。嬰兒哭鬧，是想影響母親；小孩詢問父母能不能看電視或出去玩，也是想影響父母；教師想影響學生，業務員想影響顧客，員工想影響老闆，顧問想影響客戶，遊說者想影響官員，廣告商想影響消費者，領導人想影響追隨者，作者（例如我）則想影響讀者。

我們通常以為，只有有權有勢的人才有權力和影響力，例如國王、總統、政府官員、將軍、億萬富豪、電影明星、知名運動員，以及其他有錢的名人，但這純粹是一種謬論。影響力其實很普遍，是日常生活的一部分，當它作用時我們通常沒注意到。幾乎在所有的人際互動裡，都有多重的影響意圖，有些是言語的，有些則是非言語的。我說話的對象點了頭（她想讓我知道她認同我的說法，或至少她聽懂了），我詢問她的意見（這種影響意圖稱為「徵詢」），她告訴我她的想法並說明理由（這是另一個影響意圖，因為她想說服我接受她的想法）。我提議我們一起去見某人，進一步討論這件事（又一個影響意圖）。她同意了，但她希望帶一位專家一起去驗證她的觀點（另一個影響意圖）。

我們就這樣來來回回地相互影響以塑造結果，這就是人際互動：我們在發揮意志，表達觀點或興趣時，持續尋求共識或接納。在英文裡，influence（影響）這個字帶有一點負面的意涵，例如到華府關說（influence peddling），或是對人不當施壓（undue influence），這些負面的例子把原本合乎道德的人類舉止汙名化了。事實上，如果你一直無法影響他人，**也不願受到他人的影響**，你在這世上根本難以立足。誠如某位作者所言：「沒人能擺脫心理的『斧鑿之功』，無所不在的力量持續重塑著我們的信念、態度、意圖和行為……說服力不斷地把我們改造成明顯不同的人，有時難以察覺，但通常相當醒目。[1]」

影響幾乎是所有溝通中最重要的一部分，每次人際互動時幾乎都會展現。對商業而言也很重要，更是領導力的根本。少了影響力，就談不上領導。

所以影響是什麼呢？韋氏字典為「影響」所下的定義是「不明顯施力或直接下令就能產生效果的行為或力量」或「以間接或無形的方式產生效果的力量或能力」。不過，有關權力或影響力的研究顯示，影響力雖無顯著的施力，卻是明顯具體的，例如顧客接受某個價格時，商家就提供免運費的優惠（這個影響技巧稱為「交換」），或是產品開發者對同事說：「我需要你協助我做專案。」（這個影響技巧稱為「直述」）。

合乎道德的影響

當影響力合乎道德時，被影響者（influencee）同意受到影響，不過那同意大多是隱約未表的。朋友請我幫忙，我答應了。同事打電話來，提議見面談一樁比較急的生意，我把行事曆上的其他約定排開，以便馬上跟他見面。我聆聽兩位總統候選人的辯論，他們正在談經濟，其中一位似乎比較了解經濟議題，也提出較好的解決方案，我決定投他一票。年度健檢之後，醫生告訴我膽固醇太高，建議我去找營養師學習攝取更健康的食物，我離開診所後馬上和營養師預約時間。在上述的每個例子中，我並未受到逼迫，而是有所選擇。我大可否決上述的每個影響意圖，所以

影響力就是讓人心悅誠服的技巧——讓人相信你希望他們相信的事，以你希望的方式思考，或做你希望他們做的事情。

實際上我是同意受到影響的。

然而，我要是別無選擇，這種影響就是強制性或人為操縱，也就是不道德的。一個人拿槍頂著我的頭，要求我交出錢包。律師告訴我，我對她旗下非營利單位的慷慨捐助，將會用來幫助開發中國家的人，但實際上她把很多捐款當成「管理費」中飽私囊。一名憤怒的男子擠到我服務的櫃臺前面，要求我先為他服務，提供他想要的東西，否則他就要向主管檢舉我。老闆叫我別管那些沒有發票的報帳明細，接著又說，最近那波裁員實在很遺憾，我沒上裁員名單已經算是很幸運了。客戶告訴我，只要我願意付顧問費給該國的某家代理商，他就願意接受我的提案，而那家代理商剛好是客戶的表弟開的。在上述的例子中，有人對我施壓、脅迫或欺騙，我要是回絕，他們可能就會對我不利。

威脅、強迫、操縱、恐嚇也是影響的形式，通常會得逞（至少短期可以），因為很方便。校園惡霸都知道，要讓其他孩子聽你的話，最快的方法就是訴諸暴力，逼他們就範，或是威脅。但是實體的壓迫終究要付出代價，其他的孩子可能會屈服，但他們會因此畏懼惡霸而開始閃躲或怨恨。他們很清楚不乖乖聽話的下場，但他們對惡霸毫無敬意。霸凌就像其他不道德的影響形式，通常會破壞影響者和被影響者之間的關係，並種下未來報復的種子。這些影響方法雖然施行方便，但都不是實用的長期之道，尤其是在職場和日常生活中更是如此。

影響與權威

如果發揮影響力的人有合法的權威要求別人做事，即使對方不是自願受到影響，這種影響力也算是道德的。我們在多元的社群架構中生活與工作，例如家庭、家族、社區、州與國家、企業、團隊、部門、事業單位等等。在這些社群結構中，我們賦予某些人領導團隊、統籌規劃、決策、分配任務、擔任對外代表、裁決糾紛、執法、維護團隊價值觀的合法權力。這些人憑藉其角色或地位，對我們有合法的權力。我們不見得凡事都會想聽命於權威，做他們希望我們做的事情，但是在不想因違抗而付出代價下，通常會選擇順從權威（在我的上一本書《權力的要素》中，我稱這種合法的權威為「角色權」〔role power〕）。譬如警車開到我車後，示意我靠邊停車，我遵照指示。停好後，警官過來訓誡我，遇到「停車再開」的標誌必須完全停車後再開，我專注聆聽，之後乖乖接下罰單。我不想聽訓誡，也不想吃罰單，可能也覺得自己根本沒違法，但警官有合法的權威影響我，即使我可能覺得他的手法充滿了強制性，但我還是接受了。

我們常用合法權威來影響他人（這種影響稱為「以法為據」）。以法為據通常有效，但是使用過當時就可能適得其反，尤其是用在抗拒權威者的身上。古往今來，很多領導者和統治者使用合法權威，迫使百姓或追隨者聽命於他。幾個世紀以前，教會、城邦、軍隊採用的指揮控制法，就是從社會賦予領導者的體制權威演化而來的。不過，時代變了，如今大家即使覺得掌權者是合法的，也比以前更為抗拒合法的權威，尤其是已開發國家的人民。在商業界更是如此。誠如哈佛大學的約翰．科特（John Kotter）所言：「想單純依靠來自地位的權力發號施令，藉此掌控他人，是行不通的，因為第一，管理者需要依賴一些他們沒有正式職權掌控的人；第二，在現代的組織中，幾乎沒有人會因為某人是『老闆』，就一味地接納與完全服從他的無盡要求。[2]」

在工業革命之前，多數人是農民或從事農業相關的工作，是所謂的棕領勞工。到了十九世紀末和二十世紀初，隨著已開發國家的工業成長，愈來愈多人從農村移居城市，多數人變成藍領勞工，在工廠及店鋪裡勞動，建造推動工業化的基礎設施。到了二十世紀末，隨著已開發國家從工業化邁入資訊經濟時代，教育程度較高、更專業的白領勞工應運而生。彼得．杜拉克（Peter Drucker）稱他們為「知識工作者」，這些知識工作者希望有人領導他們，而不是對他們發號施令。所以**使用**威權影響勞工並不怎麼適用在知識工作者身上，他們可能會遵守，但最終還是會對威權充滿怨懟。在如今的人才爭奪戰中，他們不需要為專橫的老闆或公司賣命，大可跳槽，另尋天地。即使老闆有合法的權威使用指揮控制法，但知識工作者比較喜歡不耍威權的影響方式。

傑伊．康格（Jay Conger）在《哈佛商業評論》中提到：「管理者以發號施令的方式管理員工的時代已經過去了，如今的企業大多是由跨部門組成的團隊負責經營，團隊中有『嬰兒潮世代』及其後輩『X世代』，新生代大多無法忍受不容質疑的權威。[3]」誠如康格所言，現在領導者的工作大多是透過影響力合作完成的，而不是靠權威強迫完成的；是激勵大家投入，而不是要求大家非做不可。在這個日益全球化的二十一世紀，全球企業的領導者、跨國經理人和專業人士必須熟悉，如何在不用權威的狀況下發揮影響力。

全球權力與影響力的研究

我從一九九〇年開始在國際知識學院（如今併入光輝國際顧問公司）研究權力和影響力。我以文獻評論、客戶訪談、初步調查為基礎，設計了一套權力與影響力的架構，裡面包含的項目包羅萬象但互不重疊，這意味著此一架構應該可用來形容各種權力基礎和影響行為。這套架構後來變成三百六十度評估法「影響效果調查」（ＳＩＥ）的基礎，我們從一九九一年開始把它運用在入選財星五百大企業的客戶上。[4]

ＳＩＥ是強大的工具，不僅評估大家使用十種正派影響方法的頻率和效力，也評估那些方法在他們的文化中使用是否恰當。我們將在本書中深入探討這十種影響方法，他們分別是講理、以法為據、動之以情、閒聊交際、請教諮詢、訴諸價值、為人表率、交換、直述、結盟。我們在後面會看到，這是一般人常用的正派影響方法。另外還有四種負面或不道德的影響方法：迴避、操弄、恐嚇、威脅。ＳＩＥ也會衡量不同文化中運用這些方法的頻率。

ＳＩＥ還有另一個部分，是衡量個人權力的來源。在我們的架構中，權力有十一種來源：五種來自組織，五種來自個人，一種是統合來源。來自組織的包括：角色、資源、資訊、人脈、聲譽。來自個人的包括知識、表達力、魅力、個性，交情（或熟悉度）。綜合來源則是**意志**。我在上一本書《權力的要素》中探討這個主題。本書中，我將會說明大家如何使用這十種正派的影響方法，以及四種負面或「暗黑」的方法。

影響力可以學習嗎？

你能改善對人的影響力嗎？你能學習如何在異國他鄉更有效地影響他人嗎？如果我不相信答案是「可以」，我就不會寫這本書了。影響力就像其他的技巧一樣是可以學習的，我們從小到大都在學習影響技巧，但鮮少有人對此駕輕就熟。雖然有些人先天善於影響他人（就像有些人有音樂、數學或語言天分一樣），但是這些天賦也需要進一步的磨練與培養。

多數人不是先天就善於影響他人，因為有效的影響力需要靈活的調適力、感知力、洞察力，再加上影響力又因文化而異，我們幾乎只從自己文化的角度，學習如何影響他人。如果我們在孩提時期有幸在多種文化中生活，可能會了解到權力和影響力在不同文化中有很大的差異，也許就會學到如何靈活調適。但很少人有那樣的環境優勢，我們大多根植在自己的文化中，不太知道其他人看待世界的觀點不同，因此容易陷入主觀批判，而非包容。我們以為別人的世界觀、反應以及對經驗的解讀跟我們一樣，誤以為大家施展權力與影響力的方式都一樣，但事實上並非如此。

你能改善對他人的影響力嗎？當然可以，只要你能接受其他的世界觀，不要以為別人就應該重視你所重視的東西、或想法跟你一樣就行了。有效影響他人需要靈活調適的思維，有效發揮跨文化的影響力則需要全球化的思維。就某種程度來說，全球化的思維是心理的產物，你要有意願接納他人的本質，而不是希望對方變得更像你。全球化的思維也是自我接納和接納他人的產物，最善於發揮全球影響力的人，樂於接納別人和自己的不同，珍惜彼此的差異，而不是假設每個

「正常」的人都和自己的想法及行為一樣。這種全球化的思維能夠學習嗎？只要你願意，敞開心房，就能學習。影響力是一種技巧，是可以學習的，你可以學習更有效地影響他人，包括其他文化的人。

本書將教你如何做到。為了讀者方便，每章最後都有重點摘要及延伸思考。那些延伸思考是以問題的形式呈現，目的是鼓勵大家思考與討論書中提到的觀點和研究。所以，祝你好運！Bonne chance. Buena suerte. Viel glueck. Καλή τύχη. Buona fortuna. 행운을 빕니다. Goed geluk. Boa sorte. Удача.

觀念精粹

一、影響力不是少數人所擁有的神奇力量，每個人都能隨時發揮影響力。每次的溝通和人際互動幾乎都會涉及影響力。影響是領導的根本，沒有影響力，就談不上領導。

二、跨文化影響他人是一大挑戰，因爲不同文化的人有不同的信念和價值觀，使用不同的影響技巧。在國內行得通的方式，不見得在其他的文化裡也行得通。

三、簡言之，影響力就是讓人心悅誠服的技巧——讓人相信你希望他們相信的事，以你希望的方式思考，做你希望他們做的事情。

四、有的影響合乎道德，有的則否。當影響合乎道德時，被影響人同意受到影響，不過大多時候那些同意是隱約未表的。當影響意圖是強迫或操縱對方時，那就是不道德的。不道德的影響雖然方便，但通常會破壞雙方的關係。

五、以前領導人常用權威影響他人，但是隨著知識工作者的出現，大家比較抗拒這種指揮控制法。如今，領導人的工作大多是透過影響力合作完成，而不是依靠權威強迫完成；是激勵大家投入，而非要求大家非做不可。

六、影響力是一種技巧，是可以學習的。你可以學習改善影響力，甚至學習跨文化的影響力。有效影響他人需要靈活調適的思維，有效發揮跨文化的影響力，則需要全球化的思維。

延伸思考

我在前言中主張影響力無處不在，幾乎所有的溝通和人際互動都涉及影響力，每天我們都會接觸到數百次他人的影響意圖。由於影響力在生活中如此稀鬆平常，我們大多沒有注意到外人或外物對我們的影響。現在讓我們來練習一下，試著更注意這些影響力。在辦公室、搭車上班或晚上在家時，花一小時從中找出某人或某事試圖影響你的每個例子。

一、你記得有人曾想用不道德的方式影響你嗎？欺騙、強迫、恐嚇或威脅你嗎？你如何回應？你是就此屈服，還是抗拒不從？後來你對那個人有什麼感覺？更重要的是，後來你對自己有什麼感覺？

二、你曾以操縱或強迫的方式影響他人嗎？如果我們對自己誠實的話，多數人會坦承：沒錯，我用過不道德的影響方式。有時候是爲了讓人做原本不想做的事，說點小謊是比較簡單迅速的方法。如果你曾經稍微扭曲眞相或刻意威嚇他人，你成功影響對方了嗎？後來有出現任何反效果嗎？使用不道德的影響方式，是否改變了你和對方的關係？

三、如果你因身分地位而握有權威，你曾經運用這項權威叫人做你所希望的事情嗎？換句話說，你曾經對人頤指氣使嗎？效果如何？他們受制於你的權威是什麼感覺？

四、你的老闆或有權管你的人曾經運用權威，指使你做某件事嗎？你覺得對方頤指氣使嗎？那是什麼感覺？你會急著做別人要求的事嗎？你心甘情願地服從嗎？還是對他的權威產生反感？

PART I

如何讓人心悅誠服

如果領導力是指在他人的協助下完成事情，領導的祕訣就是讓人心悅誠服。想要達到這樣的境界，需要以多種方式影響他人。你可能會訴諸他們的價值觀，激勵他們跟隨你追求崇高的目標。或是以身作則，讓他們起而效尤。或是向他們解釋，爲什麼你想採取的行動合情合理。或者你提出一些交換條件，以尋求對方的合作。這些影響方法在有些時候對有些人有效，但不可能對所有人都永遠有效，因爲每個人對影響意圖的反應各不相同，他們可能會覺得某種方法比較有吸引力或說服力。

能有效發揮影響力的人，通常擅長各種影響技巧，知道何時該用哪些技巧。他們善於察言觀色，和人互動時，會針對所見所聞立即反應。在這個單元中，我會說明影響力的根本，以及影響他人的方法和工具。了解根本原則是培養影響技巧、讓人心悅誠服的先決條件。

第一章　影響力的根本

有些書宣稱，只要依循他們的原則，就可以讓任何人做任何事。這些作者宣稱，你可以讓任何人喜歡你、愛你、覺得你魅力難擋。哇！他們聲稱你可以掌控**任何**情況，贏得**任何**競爭，**每次**都占上風。有一本教人把妹的書還宣稱，只要採用書中的神祕方法，就能讓美女跟你上床。另一本書更大言不慚地主張，你可以在八分鐘內讓任何人答應你的要求。每次我看到這種狂妄的說法，就會想起林肯的名言：「你可能欺騙某些人一世，愚弄所有人一時，但不可能永遠都矇騙每個人。」

什麼祕訣可以讓任何人都覺得你魅力難擋？你可能讓人做任何事嗎？如果這些宣稱屬實，有些反墮胎的人早就發現這些原則，並運用這些原則說服贊成墮胎者改變立場了（反之亦然）。如果影響**任何人**做**任何事**那麼簡單，中東的衝突為何尚未解決？為什麼保守派的支持者，沒能說服所有的民主派支持者接受他們的保守理念和目標（反之亦然）？為什麼某位有影響力的廚師無法說服其他的廚師，齊聲讚揚她的食譜是最正宗的德州香辣肉醬？

顯然大家都沒讀過那些書，或是沒有採用書中的建議，又或者那些宣稱根本是無稽之談，不可能讓任何人在八分鐘內做你想要的事。在真實的世界裡，你無法永遠影響一些人，也無法有些時候影響所有的人，更不可能永遠影響每一個人。人類比那複雜多了，他們通常只想著自己，有充分的理由不做你希望他們做的事，或以你想要的方式思考。

下次有人向你保證，只要照他的祕訣就能讓**任何人**做**任何事**時，請注意，他是在唬你。事實上，如果你可以從「聽他的建議」和「一笑置之」中二選一，那就一笑置之吧，別太認真了。

影響的意圖及可能的結果

本章探討影響的根本，亦即當你想了解權力和影響力在生活與職場上的運作方式時，需要知道哪些事。這些原則放諸四海皆準，適用在中國和印度，也適用在波蘭、加拿大、祕魯、法國及世界各地，適用於家庭、團隊、社團、黨派、企業，也適用於一對一的情況。第一個重要的根本是：影響意圖不是只有兩種可能的結果（有／無）。當你想要影響他人時，結果不單是「他受影響了」或「他沒受影響」兩種。事實上，每種影響意圖都有多種可能的結果，如下表所示。

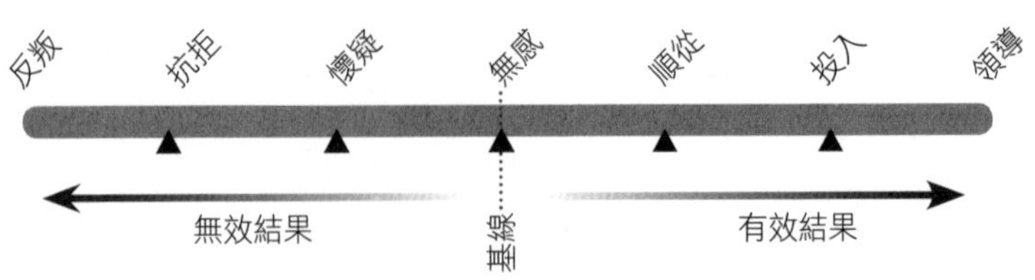

表 1　每種影響意圖都會產生多種結果

基線

基線是指每個人走自己的路：做自己想做的事，思考自己想思考的東西，相信自己想相信的一切。在你想說服某人做、思考或相信某事以前，他原本是走在自己的路上。即使你開始想要影響他，他也不見得會受到影響，他可能對你或你所提議的事情無動於衷，甚至沒意識到你的存在。所以，影響意圖的一個可能結果是毫無影響，對方不為所動，甚至沒注意到你。

我們每天即使沒有接觸到上千個影響意圖，至少也碰到上百個，例如交談，會見他人，讀書，看電視或聽廣播，看或聽廣告，看報章雜誌，讀電子郵件，參與會議，跟人合作，遇到推銷，拜訪顧客等等。我們可能受到見面、談話或閱讀對象的影響，也可能不受影響。如果每天接觸的影響意圖都會改變我們，我們的立場可能反覆不定，生活無法定調或難以掌控。所以人類體驗的一大重點，是決定要不要受到那些體驗的影響（決定大多是出於潛意識的）。我看到某個產品的廣告，但不會想要購買。我看到百貨公司櫥窗展示的最新時尚，依舊繼續向前走。我聽到有人抱怨企業的決定，但我不在乎。我收到供應商的廣告小冊子，但我不需要或沒興趣，而把那冊子放進回收筒。

我不為所動，不受影響，沒有改變方向。基線是基準狀態，是影響意圖發生以前的狀態，影響發生以後也經常維持不變。

順從、投入、領導

如果影響有效，最可能衍生的結果是認同、同意或順從，對方遵照你的要求，同意你的建議，或做你希望做的事。你想說服一位潛在顧客看產品的樣本，顧客欣然接受。你請同事針對你寫的報告給點意見，同事答應了。你告訴正值青春期的孩子，請他飯後幫忙清理廚房，他幫你做了（也許不情願，但還是幫你了）。這些都是順從的例子，你想影響的人照著你的話做，他偏離了自己的道路，答應做或思考你所希望的事。

有時你不只希望對方順從而已，還希望他投入，不僅認同你，還要全心全意地支持。順從通常是指理性同意，如果有人問我為什麼聽從他人的要求，通常我會理性解釋：「因為我覺得這個要求合理，沒有理由拒絕。」不過，投入是指受到情感驅使而欣然參與，承擔義務。如果有人問我為什麼致力投入，我通常會以情感為由解釋：「因為我相信那說法，我覺得那樣做是對的，那令我感動落淚。」二〇〇八年歐巴馬贏得美國總統大選，他的共和黨對手約翰．麥肯（John McCain）輸了，原因之一就是歐巴馬是訴諸人民的情感，激勵他們相信未來有希望改變；麥肯是訴諸合理的原因，說明為什麼他應該當總統（他說：「投給我，因為我知道如何面對敵人。」）。本質上，麥肯是尋求大家的順從，歐巴馬則是激勵大家的投入。至於歐巴馬是否履行承諾，那又是另一回事了。我的重點是：對許多美國選民來說，麥肯的措辭不像歐巴馬那樣具有吸引力，麥肯想贏的是選票，歐巴馬想贏的是民心。

下一頁的兩張圖說明了順從和投入的差異。左邊的拉布拉多犬是順從，牠乖乖地待在原地，遵照主人的指示坐著不動，脖子套著項圈，拴著皮帶，提高警覺，等著被放開。相反的，右邊的狗則是專注投入，竭盡所能地高高跳起接球，耳朵飛揚了起來，嘴巴張開，深深地投入其中，因為這是牠所熱愛的活動。跟狗玩過球的人都知道，狗從玩樂中體驗到無窮的樂趣，你通常比狗還更快累癱。這兩張照片顯示順從與投入之間的重要差異。動物和人之所以順從對方的影響，往往是因為影響者或情勢讓他覺得有必要聽從對方。他們順從是因為必須如此，或是沒理由不同意，或一向受到這樣的訓練，或是已經習慣這麼做了。他們致力投入則是因為對方要求的事情令他們開心，激發他們的情感，某種程度上讓他們覺得相當值得，或是那本來就是他們愛做的事。

順從（左）與投入（右）的差別。

除了致力投入以外，另一種可能的影響結果是領導。對方不只受影響而積極投入，還擔負起領導者的角色，從影響者那裡承接重任，進而推動理念。從古至今，許多人受到影響的感召，起而領導。雷根激勵美國與海外的許多財政保守派崛起。甘地號召了上億印度人參與非暴力抗爭和不合作運動，抵制英國當局，促成印度獨立；他也影響了幾位政治後輩，讓他們擔負起更重大的領導角色，例如賈瓦哈拉爾．尼赫魯（Jawaharlal Nehru）後來成為印度首任總理。杜博斯（W.E.B. DuBois）、麥爾坎（Malcolm X）、羅莎．帕克斯（Rosa Parks）、金恩博士等人為黑人爭取人權，他們也激勵了許多支持者出來領導，例如傑斯．傑克森（Jesse Jackson）、朱利恩．邦德（Julian Bond）、羅伯．摩西斯（Robert Moses）、詹姆斯．梅雷迪斯（James Meredith）、安德魯．楊（Andrew Young）。這些鼓舞人心的領導者有個共同的目標，他們不只誘導他人投入，也激勵他人發揮領導力，一起推動光靠自己無法單獨完成的目標。

我們在後面探討每種影響方法時會看到，有些方法比較可能達到順從的結果，而非投入或領導。講理、以法為據、交換、直述等方法運用得當時，通常會讓人順從或認同。相對的，閒聊交際、動之以情、結盟、請教諮詢比較可能讓人投入。訴諸價值、為人表率比較可能讓人領導。不過，這不表示你想激勵他人出面領導時就不能講理，只是相較之下講理沒有訴諸價值或為人表率來得有效。

懷疑、抗拒、反叛

當影響無效時，可能會出現哪些結果？如28頁的表1所示，從影響者的角度來看，衝擊較小的是懷疑，那表示對對方不信任。和多數人一樣，我偶爾會接到業務員冒昧打來強迫推銷的電話，他們以為靠著三寸不爛之舌就能說服我掏錢。不管他們賣什麼，也不管我需不需要他們的產品或服務，他們的手法都令我反感，讓我更不想買，他們只讓我覺得很煩，甚至生氣。無感其實也算是一種無效的結果，不過懷疑不單只是不為所動而已，這也在對方的心中埋下不信任的種子，讓影響者未來更難說動他。

另一種更強烈的負面反應是抗拒，對方積極或消極地抵抗影響者希望達到的目的。如果負面反應更強烈，會導致對方反叛，發起抵制，號召其他人一起造反。例如，有個同事來找我，她提議把我所認定的公司核心業務外包出去。她想說服我，外包可以節省成本，改善服務與品質。但我不相信，對此存疑，我告訴她為什麼我覺得這個提案不好。她不僅沒有影響到我，還讓我產生懷疑，未來我更不容易認同她的觀點，除非她能提出更令人信服的論點。

不過，我也可能以積極或消極抗拒的方式來回應她的影響意圖。如果我積極抗拒，可能會研究一下這個領域的外包狀況，蒐集外包不利於事業發展的證據，寫一份報告說服其他人也反對她的提案。我也可能消極抵抗，不支持她的提案，和別人私下開會時提出我的懷疑，努力把她想外包出去的領域做得更好。不過，更強烈的負面反應是反叛，提出反外包的主張，大張旗鼓地反對外包，和其他反外包的管理者組成反對派，呼籲管理高層不但要反對她的提案，更要徹底打消這個念頭。

表1所顯示的基線兩邊結果正好相反。懷疑和順從是相對的，抗拒和投入是相對的，反叛和領導也是相對的。當然，實際情況不像表1分得那麼明確。每個人因應影響意圖的方式截然不同，不過重點在於：影響意圖可能毫無效果（基線）、產生對影響者來說正面／有效的結果，或

負面/無效的結果，結果可能因反應的強度而異。為什麼這很重要？因為你想影響他人時，有些個人、組織、文化的因素會影響對方的反應方式。如果你想更有效地影響他人，尤其是跨文化的時候，了解可能的結果以及如何管理這些結果很重要。

所以，影響的一大根本特質是：每個影響意圖都有多種可能的結果。想要有效地影響他人，你需要知道如何達到有效的結果，並避免無效的結果。

影響十律

影響還有十個根本特質，我稱之為「影響十律」。

定律一：有很多充分的原因可能導致影響無效

前面提過，你不可能影響任何人做任何事。很多原因可能讓人不為所動，或甚至未察覺你的影響意圖。科特在《領導與變革》(*John P. Kotter on What Leaders Really Do*）裡探討，為什麼有些人對管理者的影響意圖毫無反應：「有些人不合作，可能是因為他們在別處太忙了，有些人是因為真的無能幫忙，還有些人則是因為目標、價值觀、信念與管理者迥異，所以不想幫忙或合作。[1]」此外，你想影響的對象可能不在乎你希望他們幫忙的事，不認同你的意見、看法、建議、提案或觀點，不需要你銷售的東西，不接受你的推理方式，或是對你的話毫無共鳴。又或者，他們可能心有旁騖，對你或你的團隊或公司不夠重視，因而不想關注你的訊息。

試想，在企業中，業務員比任何部門花更多的時間來研究與練習影響的技巧，就連超級業務員也不可能說服每個顧客買下產品或服務。為什麼呢？因為他們再怎麼有影響力，再怎麼舌粲蓮花，顧客還是有很多充分的理由不買東西，那些理由通常和顧客自身及情境有關，而不是業務員的問題。在真實的世界中，很多因素會影響購買決策，就連傑出的業務員可能也不知情或無法改變，那些因素導致買家挑選別的賣家或完全不買。

定律二：影響力因情境而異

除非情境和環境許可，否則人們並無意受到影響，他的意願取決於自由度、利益、心情這三個基礎。

我的意思是說，對方必須有自由決定是否想受到影響，你的要求或指示不該與他的利益及價值觀相左，而且他要有心情回應你。

自由度：意願的三個基礎中，以自由度最重要。對方能接受你的影響嗎？他有自由決定嗎？我最近看到一則漫畫，裡面有個古代的民意調查者，站在草屋的前面訪問農民，他問農民覺得匈奴王阿提拉是非常賢能的領導者、賢能的領導者、無能的領導者，還是非常無能的領導者。這是種反諷的幽默，因為農民一旦答錯小命就不保了，他沒有自由誠實地表達他對阿提拉領導力的看法。

為什麼人們會沒有餘裕決定自己要不要受到影響？或許是因為他們沒有權力表達。規則、法律、標準或準則可能禁止他們表達。或者，你想說服其購買產品的對象，在公司裡的地位並無權採購那樣東西。或者，對方已經承諾採取別的行動，他必須履行承諾；或是他覺得有權決定的人（父母、老師或老闆）不會批准。或者，就像你想請戒酒的人喝雞尾酒一樣，你是在叫他做他發誓不做的事情。對方面臨的限制可能是他內心自己設限，或外界給他的限制，你可能永遠不知道是哪一個。所以當你想影響顧客、管理者、同事、合作夥伴或任何人時，應該自問的第一個問題是：他有說「好」的自由嗎？

如果沒有，你就挑錯影響對象或時機了（或許他以後會有較多的自由），或者這個影響意圖對他可能永遠無效。

利益：你的要求是否符合對方的利益和價值觀？如果不符合，他答應你的要求就會損及自己的利益，一般人通常不會接受這樣的影響。二十世紀初人稱「蘇格蘭飛人」的短跑健將艾瑞克·李岱爾（Eric Liddell）就是一例。他代表英國參加一九二四年的奧運，電影《火戰車》就是描述他的故事。李岱爾是虔誠的基督徒，拒絕在安息日比賽，因此放棄他最擅長的一百公尺短跑。在電影中，由威爾士親王領導的英國奧運委員會以「為了國王和國家」為由，試圖逼他跑一百公尺短跑預賽，他堅定地拒絕了。委員會主席譴責他不敬，他憤怒地回應：想逼人背叛信仰才是不敬。

誠如這個例子所示，如果你想要說服他人做對他不利或抵觸其價值觀或信仰的事情，可能會遇到阻力。所以你需要了解對方所關注的重點，避免直接對抗他的價值觀。這表示你永遠無法讓人偏離他的價值觀或信念、那怕只是一點點都不行嗎？不是這樣的，但是根據經驗，你必須謹慎地接觸對方，不能直接對抗、否定或推翻他的信念。就像《就是要說服你》（*Yes!*）的作者所寫的：「騎馬的最佳方式是往馬兒要走的方向，先順著馬兒的方向走，才有可能慢慢把牠引導到你想走的方向。[2]」這說法很有道理，如果你太快改變馬的方向，很可能會被摔下馬背。同樣的道理，如果你想說服某人偏離他所深信的價值觀與信念，而你的要求又不符合他的最佳利益，很可能就會失敗。

心情：對方可能沒心情，所以對你的影響意圖毫無反應。我有個客人，姑且稱她為唐娜吧，她總是喜怒無常。每次打電話給她，都不知道她的態度究竟是友善，還是刁難。我服務她的那幾年，永遠猜不到是哪個唐娜接電話，所以我後來學會了對她展現耐心和毅力，我等她心情好的時候才再度提起之前講過的事，有時我必須忍受她的刁難，等下次她心情變好時再提起。我沒遇過比唐娜更情緒化的人，但是即使是最講理、友善的人，偶爾也會有情緒暴躁的時候。我敢說每個人都會偶爾有心情不好、難搞的時候。

有些人可能因為心煩意亂、忙碌，個性或職業性質比較隱密，所以不願合作。電影《大陰謀》（*All the President's Men*）裡有一幕就是很好的例子。電影剛開始時，有五個人企圖竊聽民主黨總部而被捕。傳訊這五人的期間，勞勃・瑞福飾演的記者鮑伯・伍沃德進入法庭，坐在鄉村俱樂部的律師馬克姆（尼古拉斯・科斯特飾演）的後面。伍沃德問馬克姆，他出庭是不是和水門竊案有關，律師回答他不在場。語畢，他自己也覺得那回答很荒唐可笑，隨即補充道，他不是那些被告嫌犯的律師。馬克姆指出該案的辯護律師給伍沃德看以後，就拒絕回答更多的問題並離開法庭。伍沃德並未就此罷休，他尾隨馬克姆到走廊，問他為何那麼快到法庭來，畢竟那些嫌犯被逮捕後還沒打過電話，所以應該是有人幫嫌犯安排律師到場了。馬克姆避而不答又折回法庭。伍沃德還是緊跟著他不斷追問。馬克姆後來坦言，他是在某個社交場合認識其中一名嫌犯。馬克姆的回答，令伍沃德懷疑水門竊案不是一般的竊案。

在這場戲中，伍沃德試圖讓消息來源提供資訊，那個消息來源基於種種原因而不願配合，但是伍沃德的鍥而不捨，終於讓他問出了端倪，讓他相信事情並不單純而進一步調查。有時候，你想影響的人可能因為畏懼、懷疑、不喜歡你或你所代表的身分而不願合作。又或者，他們可能基於某種原因而對你有偏見，你可能永遠都不知道為什麼。但這些因素可能導致他們抗拒，不願接受你。想讓人接受你的影響，對方也必須有合作的意願才行。

簡單測試：你可以用下面的簡單測試來衡量某人願意受到影響的程度：自問**為什麼這個人會答應或拒絕**？這可以幫助你站在對方的立場思考，迫使你從對方的觀點來看情況。假設你想請朋友捐一大筆錢給某個大學的育才基金，為什麼他會答應或拒絕呢？

他答應你的可能原因：

一、他喜歡你。

二、他知道那個大學的育才基金對你很重要。

三、他是校友，那所大學對他很重要。

四、他今年的慈善捐款不多，有點內疚。
五、他答應捐款是因為預期你稍後也會捐款支持他最喜歡的慈善機構。
六、他正好得到一筆橫財，正想做點善事。

他拒絕你的可能原因：

一、他雖然喜歡你，但覺得你們最近有點疏離。
二、他對你友善，但其實沒把你當成摯友，覺得沒有義務支持你的理念。
三、他對這所大學沒有特別的忠誠度。
四、他沒錢或是對慈善捐款沒什麼興趣。
五、他已經贊助其他的慈善機構，覺得眼前無法再捐出更多。
六、他願意捐款，但不是你建議捐助的金額，他對於你要求捐那麼多錢感到不滿。
七、他已經捐款贊助那個大學的育才基金，不想再捐更多了。
八、他請你捐款贊助他最喜歡的慈善單位時，你沒捐款，現在他覺得自己也沒義務回報。
九、他最近剛接到一些壞消息，沒有行善的心情。
十、他擔心失業（或已經知道自己即將遭到資遣），沒有多餘的閒錢捐款。

即使你無法猜透朋友的心，這個簡單的測試還是很實用。你不會知道他答應或拒絕的所有可能原因，但是先預測可能的原因還是很有幫助，這可以幫你挑選適合的影響方法，以恰當的方法來架構論點。總之，知道對方覺得哪些說法有說服力、哪些沒有說服力，對方的利益和價值觀是什麼，有沒有心情配合你，這些都很有幫助。

當然，你想影響朋友時，他的反應和回應會透露出資訊，你可以立刻運用那些資訊來重新架構論點。你和他對話時，可以察覺原本不知道的事，讓你更了解為什麼他會拒絕，需要怎麼做才能讓他答應你。影響力的訣竅在於靈活應變，以及判斷你鍥而不捨會不會破壞彼此的感情。有些情況不適合窮追不捨，等日後你覺得情況有所改變，或是他改變心意時再回去找他，會是比較明智的作法。

定律三：影響通常是個流程，而非事件

前面提過，你可能無法第一次就用第一種方式影響對方，影響通常是個流程，而非事件。你接觸對方時，他可能正好沒心情。又或者，他一開始抗拒是因為需要多想想，例如內向者往往需要私下反覆思量才會同意。他們需要深思熟慮，或是找知己商量、徹底思考後才會接納提案。也許他們需要更多或不同的證據。如果對方跟你不熟，你可能需要先讓彼此熟悉，才能獲得對方的接納。有些人可能覺得太輕易答應某事，會讓人覺得沒有主見。有些人則是先天抗拒影響，不管是誰想要影響他們，他們一開始幾乎都會回絕。

有時候，你使用的影響方式不適合他們，如果你一直嘗試使用同一種方法，阻力可能會愈來愈大。例如，非常講究邏輯的人有個通病，他們總以為別人也跟他們一樣講邏輯，以為只要提出合理的論點就能說服對方。當他們講理無效時，即使對方愈來愈抗拒，他們還是會搬出更多的邏輯、事實和證據。所以有關影響力的一個啟示是：當你所用的技巧行不通時，最好換別的技巧，別老是用同一招，以為對方終究會軟化。咄咄逼人只會令人討厭，即使對方的立場終究軟化了，可能也心不甘情不願，那就是不道德的，可能會破壞雙方的關係。

定律四：影響是文化性的

在墨西哥行得通的方式，可能在馬來西亞行不通，例如澳洲習慣開放、不拘謹的方式，即使在商業場合亦然，但是德國或荷蘭可能就無法接受這種方式（事實上，這可能還會讓人起疑）。影響的效果有部分要看每個文化盛行的習俗、價值觀和信念而定。我在本書及相關的網站（www.terryr bacon.com 和 www.theelementsofpower.com）中，會探討世界各地權力和影響力的差異，我用來檢視文化的標準是涵蓋六十二個社會的全球研究，那也是近年來對於全球文化差異最詳細分析的研究[3]。這項研究找出八個文化差異的面向：績效導向、未來導向，性別平等、自信、個人主

如果你用的技巧行不通，別老是用同一招，試點別的。

義和集體主義、權力距離、人情導向、迴避不確定。

這項研究的作者，把自信定義成「在組織或社會中，個人在社交關係裡堅定自我、對抗、積極的程度[4]」。在此研究中，匈牙利、德國、香港、奧地利是自信表現最強的國家；瑞典、紐西蘭、瑞士、日本則是自信表現最不明顯的國家。我的全球權力與影響力研究顯示，在自信表現最不明顯的國家裡，他們的國民有如下的影響特徵：

- 他們比較可能組成支持者網絡，而不是自己發揮影響力。總之，他們建立較多的聯盟。
- 別人比較不覺得他們的行為有威脅性。
- 他們比較善於培養親密的友誼，以動之以情的方式影響他人。
- 他們比較會主動示範如何做事，換句話說，比較可能為人師表或教練。
- 他們善於以魅力為權力來源，比較可能有大家所喜歡的特質（有關權力來源的詳細討論，請參閱《權力的要素》）。

相反的，在自信表現最強的國家，其國民有以下的影響特徵：

- 他們比較可能訴諸某種權威形式，把自己的要求合法化。
- 他們比較可能會毫不猶豫地大膽發言，並使用強而有力的手勢表達觀點。

- 他們在尋找替代方案或解決方法時可能比較有創意。
- 他們比較善於表達，在組織內外的人脈較廣。

從這兩份清單中可以明顯看出，想在自信表現強烈與自信表現不明顯的文化中影響該國人民是不同的挑戰，光是文化差異就能決定某些影響方法在不同的國家是否有效。如果我想在德國影響顧客，我預期顧客對階級和權威比較有反應，也比較可能大膽地直言立場，當顧客引用權威來佐證論點時，他也會預期我回應。但是，如果我到日本和顧客開會，我預期顧客會找其他人一起做決策，尋求大家對於購買決策的共識，會花上較多的時間社交之後才談正事，他們認為培養密切關係是做生意的先決條件。如果我和日本顧客互動時也用德國那一套，我知道日本顧客會不知如何是好，或許還會為我感到尷尬，他們可能會把我的大膽表現與直率解讀成無禮，甚至帶有侵略性。這些看法看似強化了文化成見，但是探討德日之間權力和影響力差異的研究，可以佐證這一點。

定律五：有道德的影響是雙方同意，通常是互相的

我在前言中提到，有道德的影響是雙方同意的，意指對方是心甘情願受到影響，不受實際或想像的脅迫——不過，當擁有合法權力的人要求順從時（例如警官示意駕駛人停車），被影響者可能會感到壓力，但是那權威是被社會認可的，所以他們還是會乖乖服從權威。受權威影響是影響的特殊情況，我們會在第三章中詳細探討。

在不使用權威的正派影響中，對方欣然接受影響，也有權拒絕影響。所以對方知道影響的意圖，也知道影響人背後的動機。如果投資經理人建議我投資一檔股票，她真的相信那檔股票的前景不錯，那就是合乎道德的影響。如果她推薦我買股票是因為她可以抽佣，而且有證據顯示股價就快要跌了，我會因此賠上一筆，她卻瞞著我，那就是不道德的影響。當影響是誠實的，對方充分了解事實的真相，因此選擇被說服，但他也完全知道自己有權說：「我不相信」或「這次先不要」。

合乎道德的影響本質上是互相的，也就是說，影響人也會欣然接受對方的影響。有道德的管理者指示與分派責任給下屬，但是下屬對於任務的完成有更好的點子或建議時，他也會欣然接受。在雙方的協議或諒解下，彼此都同意受到對方的影響，所以有道德的影響可能需要互相的妥協讓步。

定律六：不道德的影響可能有效，但肯定會付出代價

古往今來，暴君、獨裁者、惡霸都知道他們可以掌控他人，透過蠻力、殘暴、恐嚇、殺戮等手段，把自己的意念強加在他人身上，有時是強加在幾百萬人的身上。在《君王論》（*Prince*）中，馬基維利（Machiavelli）說：「如果愛、懼難以兩全，受人愛戴不如令人畏懼。」幾個世紀後，毛澤東主張：「槍桿子下出政權。」說破壞性的影響方式無效是騙人的，這種作法顯然有效。毛澤東折磨與殺害對手，統治中國數十年，成為民眾盲從的偶像，並死於睡夢之中。史達林和希特勒稱霸一時，殺戮了數百萬人。吉姆．瓊斯在瓊斯鎮（Jonestown）說服九百人喝下摻入氰

化物的飲料。馬多夫（Bernie Madoff）在騙局失敗以前，從數千位投資人身上詐取了數十億美元。

這些暗黑手法顯然是有效的，所以對肆無忌憚的人來說才會那麼有吸引力，但是這種伎倆所造成的傷害，不只禍及受害人，最後也會延及加害人，即使不是實體受害，至少也會導致聲名受損。馬基維利還寫道：「新統治者必須決定他需要迫害的程度，這種事一勞永逸。」在國家政治史中，這種權力理念在柬埔寨殺戮之類的悲劇裡最為明顯，不過我們平常也會看到一些較小的例子，例如高階管理者濫用職權；經理人以恐嚇驅動下屬，而不是以靈感激勵下屬；有些人操弄事實以取得優勢等等。最後，這些伎倆抹煞了信任、破壞了關係，這些傷害鮮少是短期利益可以彌補的，但是對毫無顧忌及精神變態者來說，這具有相當的吸引力。

定律七：一般人對自己也會使用的影響方法最有反應

一般人通常會以為自己喜歡的東西，別人也會喜歡；對自己有效的東西，對別人也有效。之所以會這樣，是因為多數人認為自己是正常的，以為自己對現實的看法和多數人一樣。例如，馬丁在成長過程中，發現他表現開朗風趣時，結交的朋友較多，在朋友圈裡比較有影響力，於是這變成他的社交模式，他開始接近跟他一樣開朗風趣的人，那些人對他的接納又強化了這種行為。所以踏入職場後，他對重視開明、風趣等特質的職位和公司比較感興趣。馬丁跟所有人一樣，在自己的安適區裡表現得最好，所以他試著運用自己的優點，以閒聊交際的方式影響他人。當別人也以閒聊交際的方式和他相處時，最能讓他產生共鳴。如今，他是優秀的業務員，人脈廣博，顧客熟識滿天下。

紀子生於理想崇高的家庭，她念的學校是以一位備受景仰的國家英雄所命名。她為自己及親朋好友的成就感到驕傲，而且夢想著一個完美世界，裡面不再有任何不公不義的現象。朋友和同事都知道她是夢想遠大的理想主義者，她常以激勵的方式影響他人，訴諸他們的價值觀和理想。她自己碰到這種影響方式時也最有反應，動之以情比講理更能引起她的共鳴。

這些例子顯示影響力的一大重點，如果有人想以說理的方式影響你，他們可能也比較容易對說理產生共鳴。如果他們想跟你交涉或協商，他們可能對交換的方式比較有反應。如果他們喜歡訴諸權威、以法為據，他們可能也比較尊重權威。一個人最常用的影響方式，通常也是用在他身上最有效的方式。

定律八：如果你留心注意，每個人都會透露出他覺得最有影響力的方式

我覺得這是影響力中最深刻的見解。在很多情況下，你不需要臆測什麼方法對某人最有影響力。只要你留心，仔細聆聽對方，觀察他的行為和他為自己所創造的環境，就能發現最有效影響多數人的方式。以馬丁為例，你見到他的第一眼，就可以感覺到他很外向開朗，他的辦公室裡擺滿了顧客的紀念品和公司的產品樣本，牆上和書架上擺著家人和度假照片，他的環境就是在邀請你詢問他的生活，尋求一些共鳴。他喜歡以共進午餐的方式談生意，喜歡分享他最近聽到的笑話，由此可見，你可以用閒聊交際的社交方式影響他。

了解紀子則需要多一點的時間，她比較重視隱私，但是聊開了以後，你知道她是人道協會的義工，重視傳統，有強烈的歸屬感。她對於你**為什麼**要做某件事情和**做什麼**一樣關心，她崇拜鼓舞人心的領導者，愛聽新時代音樂和古典樂。她的一切讓你知道，以訴諸價值的方式來影響她，效果最好。

對說理最有反應的人，會顯現出他們的邏輯思考，重視事實和證據，通常無法忍受認知上的模稜兩可。對請教諮詢法最有反應的人，會顯現出他們想要參與，想分享看法，他們需要覺得自己是解決方案的一部分。只要你留心注意，就會看到對方透露出他們喜歡受影響的方式，掌握這點，更能有效地影響他人。

定律九：影響他人通常會混和多種方式使用

在培養影響力的課程中，我看過數千種試圖影響他人的方式。我常看到一種有趣的現象：很少人只用一種影響方式，通常需要混和多種技巧。例如，影響人先解釋為什麼她覺得X是恰當的方式或策略，對方反駁後，影響人訴諸邏輯，提出更多的證據或另一種論點。當說理還是無法達到目的時，影響人開始訴諸價值觀，對方終於產生了一點興趣，卻還是沒有成功。於是她改採請教諮詢的方式，提出問題請教對方，這招比她原本的預期更有效果。所以她大膽以邏輯推動成交，卻遭對方拒絕，接著她搬出法令，遇到更強烈的反彈，於是她又回頭訴諸價值觀，取得共鳴。為了達到最後的協議，她提出利益交換，對方終於答應了。

有效的影響通常是這樣進行的，一開始的嘗試通常說服力不足或令人存疑，所以影響人會換其他的方式，繼續探索，並根據對方的反應與回應來調整。堅持使用一種方法往往會失敗，只會讓對方更加抗拒。如果已經有證據顯示某種方式無效，影響人卻執意使用，對方可能會覺得不勝其擾或發怒，使情況惡化成意氣之爭。如果你是家長，曾經叫過孩子打掃房間，就知道那是什麼情況了。所以我強烈建議大家，如果你試的方法行不通，就改換別的方法。

定律十：權力愈大，影響力愈大

權力主宰了你的影響力大小，權力愈大，所能施展的影響力也愈大。有些作者把權力和影響力視為相同的概念，但是這混淆了一個重要的區別。你可以擁有很大的權力，但還是選擇不施展那麼直接的影響力，甘地就是一例。他是印度的精神領袖和政治巨頭，擁有強大的權力，幾乎可以用任何想要的方式施展，但是他只以他認為合乎道德與精神的方式來運用權力（他的精神領袖地位又增加了他在印度與世界各地的權力）。不過，甘地可能是「權力使人腐化，絕對的權力使人絕對的腐化」的例外。很多握有大權的人，會忍不住以傷害或壓抑他人的方式施展權力，有些人（例如甘地）則有過人的精神和道德意念，避免權力腐化自己。無論如何，一個人的權力愈大，對他人的生活、命運、思想、行動、理想所能施展的潛在影響力也就愈大。

權力來自何處？我在上一本著作《權力的要素》中回答了這個問題。這裡我簡單地說明：權力的多寡和你能施展的領導力及影響力有直接相關。

觀念精粹

一、無論你多有影響力，你都不可能影響任何人去做任何事，有很多原因可能導致影響無效。

二、影響不是只有有效和無效這兩種結果，也有可能是無動於衷。如果影響有效，最有可能的結果是順從，但也有可能讓人投入或挺身領導。如果影響無效，則可能產生負面反應，包括懷疑、抗拒或反叛。

三、除非情況和環境有助於對方願意受到影響，否則你無法影響他。願意受影響的基礎在於自由度、利益與心情。想要成功影響某人，對方必須有自由決定是否受到影響，你的要求必須符合其利益和價值觀，而他也必須有意願說好。

四、要衡量某人對影響意圖的反應，可用一個簡單的測試。自問：**為什麼這個人會答應或拒絕？**

五、影響通常是一個流程，不是事件。有時候你無法在第一次接觸某人時就影響他，你需要不斷地嘗試。不過，如果你使用的影響方法無效，別繼續使用同樣的方法，應該試點別的。

六、影響是文化性的。不同國家和文化背景的人對不同的影響方法反應可能不同。想在不同的文化中發揮影響力，需要了解權力和影響力在該文化中的運用方式，並做出相對應的調整。

七、有道德的影響是雙方同意，通常是互相的。不道德的影響可能有效，但肯定會付出代價。

八、一般人對自己也會使用的影響方法最有反應，如果你留心注意，會看到對方透露出他覺得最有影響力的方式。

九、影響通常會混合多種方法。

十、權力愈大，影響力也愈大。

延伸思考

一、思考最近你在職場或生活中試圖影響他人的例子。回想三、四個成功影響對方的例子，當時你想做什麼，更重要的是，你爲什麼會成功？

二、回想三、四個影響失敗的例子。當時你想做什麼，爲什麼對方不受你的影響？你應該改換什麼方式？怎麼做結果可能會不一樣？

三、回想過去別人怎麼影響你。有人曾經對你影響很大，讓你**致力**於他的想法或行動嗎？你曾經深受影響，進而挺身**領導**嗎？影響你的人是怎麼辦到的？什麼因素讓你覺得那麼有吸引力？

四、相反的，有人曾經想要影響你，但你積極抗拒或消極**抵制**，甚至激起你**反叛**嗎？如果有，是什麼促使你產生這樣的反應？對方做了什麼或說了什麼而導致情況惡化？

他應該改換什麼方式會比較好？

五、曾經有人想要影響你去做與你的利益或價值觀相左的事情嗎？你的反應如何？

六、答應受影響的根本之一是看心情，回想一下有人想影響你，但你剛好沒心情而不合作的情況。何時接觸你比較好？什麼情況下影響你比較有利？現在想想你的老闆或同儕，何時接觸他們比較好？何時最不適合去找他們？這對影響他人來說，有什麼意涵？

七、把下面的簡單測試套用到你想影響的人身上：**為什麼他可能答應你？為什麼他可能拒絕你？**根據你的答案，你應該如何接觸他，以確保他答應你？

八、你曾在跨文化環境中工作嗎？或是和不同文化的人共事嗎？你感覺權力和影響力在不同的文化中運作方式有何不同？想想有哪些影響方式用在其他的文化中，效果不如預期？爲什麼效果會不好？

九、一般人對自己也會使用的影響方式最有反應。想想你的老闆及密切共事的幾位同仁，他們如何影響他人？他們使用什麼技巧？是運用邏輯、權威、激勵、交情、還是諂詢？接著，思考你常面對的一些客人，他們試圖用什麼方式影響你或別人？他們偏好使用什麼方法？

十、切記，當你留心注意時，就會看到對方透露出他覺得最有影響力的方式。想想那些和你密切合作的人，什麼方式最能影響他們，有哪些線索透露出影響他們的最佳方式？你自己呢？別人用什麼方式最能影響你？你的言行舉止中有哪些線索透露出這些點？你的辦公室或居家環境中有什麼透露出可以影響你的方式？

第二章　影響的方法

影響他人的方法之所以值得注意，是因為方法有很多種。英語裡有很多動詞的含意就是要影響別人，讓對方以不同的方式思考或行動，或是做影響者所希望的事，例如：activate（啟動）、actuate（驅動）、admonish（勸誡）、affect（影響）、align（調整）、animate（鼓動）、appeal（訴諸）、argue（主張）、arouse（激發）、ask（要求）、bait（引誘）、bargain（協議）、barter（以物易物）、beckon（召喚）、beg（請求）、beguile（欺騙）、bewitch（蠱惑）、bias（有偏見）、cajole（哄騙）、captivate（迷惑）、catalyze（催化）、charm（魅誘）、coach（訓練）、coax（哄誘）、convert（轉換）、convince（說服）、debate（辯論）、demand（要求）、develop（開發）、dicker（討價還價）、dispose（處理）、drive（驅動）、egg on（慫恿）、enchant（迷惑）、encourage（鼓勵）、enlist（徵募）、entice（吸引）、exchange（交流）、excite（激發）、explain（解釋）、foment（煽動）、galvanize（激勵）、goad（鞭策）、haggle（爭論）、impel（推動）、impress（銘記）、incline（促成）、induce（誘導）、inspire（啟發）、instigate（教唆）、inveigle（誘騙）、lead（引導）、mediate（調解）、mobilize（動員）、motivate（激勵）、

move（推動）、negotiate（洽談）、offer（提議）、persuade（勸說）、plead（懇求）、preach（鼓吹）、precipitate（促成）、prevail upon（說服）、prod（督促）、prompt（提示）、proselytize（變節）、provoke（煽動）、pull（拉）、push（推）、quicken（加快）、seduce（引誘）、shock（震驚）、solicit（徵求）、spur（鞭策）、stimulate（刺激）、stir（激起）、suborn（唆使）、suggest（建議）、sway（影響）、teach（指導）、tempt（誘惑）、touch（觸摸）、urge（力勸）、wheedle（哄騙）、win over（拉攏）、woo（懇求）。這些字大多意味著正派或合乎道德的影響方式，不過有些字眼可能意味著以騙人的方式，讓人無法做更好的判斷，例如 inveigle（誘騙）或 seduce（引誘）。

如果要列出幾乎每個人都認為不道德的影響方式，則有以下的動詞：assault（抨擊）、attack（攻擊）、blackmail（勒索）、browbeat（恐嚇）、bully（欺負）、cheat（欺騙）、con（欺詐）、cow（恐嚇）、deceive（欺騙）、defraud（詐騙）、delude（蠱惑）、fleece（詐取）、fool（愚弄）、frighten（驚嚇）、harm（傷害）、hoodwink（蒙騙）、impose upon（強使）、intimidate（恐嚇）、lie to（欺騙）、manipulate（操縱）、menace（威脅）、mislead（誤導）、scare（嚇唬）、terrify（恐嚇）、threaten（威脅）、trick（誘騙）、victimize（加害）。語言有很多的字眼說明不同的影響方式，因為影響他人是人際互動的基礎，我們隨時都想以不同的方式影響彼此，所以我們在多種語言中創造出許多描述的方法。幸好，我們可以把這些方法歸納成一個簡單的架構，幫助大家了解正派的影響方法。

影響策略	影響技巧
解釋或說明（理性方法）	講理 以法為據 交換 直述
尋求共通點（社交方法）	閒聊交際 動之以情 請教諮詢 結盟
尋找啟發（感性方法）	訴諸價值 為人表率

大家最常用來影響他人的策略之一，是解釋自己想要什麼或為什麼想要，或是直接告訴對方自己的希望，這是理性的影響方式。提出解釋有兩種方法：根據邏輯推理或訴諸權威，說「我覺得我們應該這樣做，因為這樣比較合邏輯」，或「我覺得我們應該這麼做，因為高層（例如老

闆）希望我們做」。**講理**是全世界最常使用的影響方法，無疑也是商業上最愛用的影響技巧。不過，有時候這並不是最有效的影響方式，尤其是你想激勵他人投入或領導的時候。**以法為據**（訴諸權威）比較不常用，訴諸權威有數十種方式，但是成效不一，因為有些人先天就抗拒權威或抵抗特定的權威。

交換和**直述**也是理性的影響方式，但說明通常是隱約、沒有講明的。你可以提議交換或合作的誘因，以物易物和交涉就是交換的形式。你提議對方若是幫你忙，你也會回過頭來幫他。這是理性的影響方法，因為對方會權衡交換的利弊：他可能直接和影響者協商交換的條件，或暗自判斷影響者的要求或提議值不值得做。直述是由影響人直接說他想要什麼或想做什麼，通常是暗中訴諸權威。如果老闆對你說：「今天三點前把報告送到會計室。」他是直接陳述他想要的事，在那個影響意圖的背後，是他當老闆的合理權威，他不需要刻意引用權威，權威就已經隱含在話語中了。我會在第三章談講理和以法為據，第四章中談交換和直述。

另一種影響他人的策略是尋求共通點，和你想影響的對象建立相似處或是拉近對方的距離，這是社交影響法。研究顯示，我們比較可能接受喜歡或熟識者的影響。**閒聊交際**是影響者透過自我介紹、建立關係、分享資訊、找尋類似的興趣或價值觀等方法，來拉近自己和對方的距離。**動之以情**則是請已經認識的人幫忙、協助、支持或同意，這種影響方法通常很有效，因為認識的人比較有意願幫忙，態度較友善，也比較支持。

請教諮詢是透過請教問題的方式促使對方提出見解，或吸引對方參與解決問題。當對方也參與解決問題時，他就比較可能支持這個方案。**結盟**是先找其他的支持者，然後在影響他人時引用其他人的支持關係。當團體認同基本原則或操作原則，影響者運用那些認同來說服其他人遵守團體的規範時，那也是一種結盟。這種影響方式是以社會認同或同儕壓力為基礎（「如果其他人支持這個想法，我想我也應該支持。」）我會在第五章談閒聊交際和動之以情，在第六章談請教徵詢和結盟。

第三種影響他人的策略，是以感性的方式激勵對方。如果說解釋的方式是訴諸腦袋，激勵策略則是鼓舞人心。**訴諸價值**是以感覺良好或感覺正確來說服對方，激勵他們熱切參與。政治人物、宗教領袖、高階管理者、行銷人員、廣告商、作家、詩人、演說家等等，長久以來都是運用這種技巧來訴諸聽眾的情感，吸引他們參與及行動。另一種比較隱約的影響方式是**為人表率**，以身作則展現出你希望他人模仿的生活、思考或存在方式。老師、教練、管理者、領導者、父母等隨時都是我們的榜樣。不管他們是否刻意運用這種以身作則的影響技巧，言行舉止是好是壞，都可能會影響起而效尤的人。我會在第七章談訴諸價值和為人表率。

影響力為什麼有效？

在我的上一本書《權力的要素》中，我提到十一種可培養的權力來源（附錄A是這些來源的簡要說明）。你必須先建立權力基礎，才能發揮影響力。權力基礎愈大，能發揮的影響力也就愈大。博學、教育良好、口才佳、有魅力、資深、人脈廣、熟悉資訊和資源、聲譽好的人，會比具有相反特質的人更有影響力。當你想要影響他人時，你是運用權力完成目標。想像下面兩種影響的情境：第一種，我想說服另一半去我喜歡的餐廳；另一種情境，我想說服同事一起去見重要的新客戶。這兩種情境中，我是否能說服對方端看幾個因素而定，有些是我可以控制的，有些則否。我能控制的因素如同下面公式。

有效影響的TOPS公式

T（technique）＝我選用的影響方法

O（organizational）＝我的組織權力來源

P（personal）＝我的個人權力來源，包括意志

S（skill）＝我運用影響方法的技巧

在第一種情境中，如果我和另一半的關係良好，對她有吸引力，又善於訴諸我們的關係，我比較可能成功。不過，如果我笨拙地依賴公司總裁的地位（角色權力）和廣大的商業人脈，想要以直接陳述的方式要求她（「我們要去這裡。」），我可能給人霸道強硬的感覺而導致失敗（如果我在婚姻裡這麼做，效果應該會很慘烈）。在第二種情境中，如果我運用講理、閒聊交際、訴諸價值或交換等方法，善用我最強大的權力來源（知識、吸引力、個性、資訊、人脈、聲譽），

就比較可能影響同事。

至於我無法掌控的因素，在第一章有提過，那就是：對方的自由度、利益和心情。我的另一半有自由答應我的提議，理論上我的提議也不會和她的利益或價值觀相左，但她可能不認同我所挑的餐廳？當下她可能在生我的氣，不想答應我的任何建議，又或者她可能心裡另有選擇。在這種情況下，我們也許可以用交換的方式影響對方（「今晚我們去你挑的餐廳，下次去我挑的餐廳。」）。我的同事可能沒有選擇的自由（她和其他客人有約），我的會議可能對她沒有利益（在她的專業領域或職權之外），又或者她可能無意參與（也許她在跟我競爭下次升遷的機會，不想幫我）。

在影響他人以前，有個簡單的方法可以測試有效性。你可以自問：**為什麼這個人會答應或不答應**？如果我知道另一半在生我的氣，現在可能不是影響她的適當時機（她可能用餐時完全不理我）。如果同事剛好和我在爭升遷的機會，或許我應該找其他的同事一起去見那位客戶。如果情境有利（亦即對方有自由接受影響，也有意願那樣做），我又挑對影響的方法，有恰當的權力來源並善用適切的方法，這時最有可能如願的影響對方。

影響力？領導力？

前面我主張沒有影響力就談不上領導，因為影響力是領袖領導的方式。華倫・班尼斯（Warren Bennis）和柏特・奈諾斯（Burt Nanus）在暢談領導力的經典著作中也呼應了這點：「管理和領導之間有本質上的差異。兩者都很重要，『管理』意指『促成、完成、負責或執行』，『領導』意指『影響，引導方向、過程、行動和意見』。[1]」他們又補充：「領導的**根本**要素是影響力。[2]」

當然，管理者也會發揮影響力，因為管理中只有一部分的工作能靠管控及使用權威完成。管理者和領導者的目的，都是想完成組織的目標。管理者是透過計畫、組織、流程、任務指派、衡量等方式完成的，但他們也必須指揮人力，管理下屬的績效，不能光靠指揮控制法來管理員工。員工是人，不是機器、零件或裝配線。你把員工當人看時，他們的反應最好；當他們可以自己決定工作方式時，他們做得最好；當他們覺得受到尊重、信任、告知和關心時，才會維持忠誠，繼續投入。這也是為什麼最優秀的管理者也善於領導，他們是以社交及感性的方式影響員工，而非只是透過理性的方式。

領導者是以精彩可期的前景鼓勵員工，激勵他們跟隨領導者的腳步，讓員工看到可能的遠景，鼓勵他們實現那些可能性。以實現夢想的方式提振他們的活力，給他們使命感，讓他們在完成工作後有深刻的成就感。領導者是以自己的思維或行動方式作為榜樣，鼓勵大家以新的觀點看待當下的情境，讓員工有勇氣採用新的方法。最卓越的領導者是員工的老師、導師和榜樣，他們透過影響力而非威權完成絕大多數的任務。

在許多情況下，領導者和管理者是同一人。當部門副總裁領導團隊完成原本沒有想到可能完成的事，他也是管理者；當管理者監督團隊的任務績效，也關心團隊成員的職業規劃，指導他們培養技巧，他也是領導者。管理和領導的技巧，在於了解何時該當管理者，何時該當領導者，何時該使用權威，何時該發揮影響力，何時該問，何時該說，何時該接管，何時該放手。在每個情況中，領導者和管理者都必須了解他們所能運用的影響方法的範圍，知道何時及如何運用那些方式，建立權力基礎以便發揮影響力，並精進技巧以便更有效地影響員工。

十種影響方法的有趣結果

我對權力與影響力做了全球研究，研究顯示了十種影響方法在使用頻率及效果上的有趣結果。第一，世界各地比較常用其中的五種方法（我稱之為「強效影響工具」）。我是以七級來衡量影響頻率，級數顯示受試者運用某種影響方法的頻率高低。

如下頁表2-1所示，這五種強效影響工具分別是：**講理**、**閒聊交際**、**直述**、**請教諮詢**、**動之以情**。它們的平均頻率是五點多，其他方法的平均頻率則是四點多。這兩組影響方法的頻率差異很大，所以大體而言，無論你在哪個文化中生活或工作，一般人想影響他人時，比較常用這五種強效工具。大家通常會先從提出合理的原因開始，所以預設模式是講理。根據情境和被影響者，他們可能在講理之外再搭配社交型的影響方式，例如閒聊交際（跟對方不熟時）或動之以情（認識對方時）。他們也可能運用請教諮詢的方式詢問對方的想法以尋求合作。除了理性與社交型的影響方式以外，他們可能也會直接陳述自己的立場或需求。

表 2-1 影響方法的全球平均頻率

影響方法	平均的頻率級數
講理	5.91
閒聊交際	5.52
直述	5.43
請教諮詢	5.39
動之以情	5.28
以法為據	4.79
訴諸價值	4.77
為人表率	4.77
結盟	4.76
交換	4.47

比較不常用的影響方法通常是留到特殊情況才用。當影響者想說服一大群人，或是主題或需要包含情感或價值成分時（例如為公益募款），就可能會訴諸價值。當獲得對方合作的最好方式是協商或交換條件時，則可使用交換法。結盟法可能比較不常用，因為過程費時，適合沒有更好的選擇時才用。以法為據（或訴諸權威），最好留到影響者需要迅速讓人順從時才用。為人表率是在影響者有很多時間可以慢慢影響他人時使用。

表 2-2 顯示十種影響方法的全球平均效果和頻率。如表所示，除了以法為據的效果明顯較低以外，其他方法的效果級數都是五點多。採用以法為據的效果通常比較差，因為訴諸權威常讓人有壓迫感（第三章我將深入討論）。這個表中比較令人注意的是，有三種影響方法（講理、直述、以法為據）的頻率級數高於效果級數。請教諮詢的頻率和效果級數差不多。但剩下六種方法的頻率級數比效果級數低。這些差異顯

表 2-2 影響方法的全球平均級數

影響方法	平均的效果級數	平均的頻率級數
講理	5.68	5.91
閒聊交際	5.61	5.52
動之以情	5.55	5.28
請教徵詢	5.41	5.39
為人表率	5.39	4.77
直述	5.35	5.43
訴諸價值	5.26	4.77
交換	5.23	4.47
結盟	5.03	4.76
以法為據	4.65	4.79

示：全世界的人不該那麼常使用講理、直述、以法為據等方式，這些方法已經被過度使用了。相反的，大家應該更常用閒聊交際、動之以情、訴諸價值、為人表率、結盟、交換等方法，這些方法仍使用不足。

為了更有效影響他人，你應該注意可用方法的範圍及如何善用這些方法。把這些影響方法視為工具箱的一部分。想在更多的情境中發揮影響力，你需要更完備的工具，知道哪個工具最適合用在哪種情境，並具備有效運用這些工具的技巧和權力來源。

觀念精粹

一、基本的影響策略有三種：解釋或說明（理性方法）、尋求共通點（社交方法）、尋找啓發（感性方法）。

二、理性的影響方法包括講理、以法爲據（或訴諸權威）、交換、直述。

三、社交型的影響方法包括閒聊交際、動之以情、請教諮詢、結盟。

四、感性的影響方法包括訴諸價值、爲人表率。

五、影響的效果視幾個因素而定，有些是影響者能掌控的，有些則是影響者無法掌控的。影響者能掌控的因素列在TOPS公式中，T是選用的影響方法，O和P是影響者的組織與個人權力來源，S是影響者運用方法的技巧。影響者無法掌控的是對方的自由度、利益及心情（在第一章中有詳細說明）。

六、管理者和領導者都是運用影響力完成目標，但領導者想要領導他人時，幾乎都是依賴影響力，沒有影響力就談不上領導。

七、全世界比較常用五種影響方式，這五種**強效的影響工具**是講理、閒聊交際、直述、請教諮詢、動之以情。幾乎每個文化中，這五種方法都是最常使用的。不管你在哪種文化中生活或工作，這五種方法都可能是你最常遇到的。

延伸思考

一、思考這十種正派或合乎道德的影響方法，你最常使用哪一種？哪一種最有效？你如何影響他人？你覺得哪種方法最好？

二、想想最近別人試圖影響你的例子。他們想達成什麼目的？他們怎麼說服你？成功了嗎？如果有，爲什麼成功了？你覺得那個人、你們的關係、或他說服你的方式，哪一點讓你覺得有吸引力或說服力？換句話說，爲什麼你會接受他的影響？如果他沒說服你，爲什麼你會回絕？

三、你覺得影響意圖的成功因素是什麼？

四、你覺得領導者主要是透過影響力而非權威達成目標嗎？舉幾個例子，想幾個你覺得卓越的領導者，他們是如何獲得自己想要的東西？你認識的領導者是如何讓人幫他們完成目標？

五、你覺得領導和管理有差異嗎？做個實驗，拿出一張紙，畫兩欄，左欄列出管理者做什麼或他們使用的工具，右欄列出領導著做什麼或他們使用的工具。你如何定義管理和領導的差異？你覺得他們各自依賴影響力而非權威的程度如何？

六、重新檢視表2-1和表2-2以及研究結果的分析。你從那些資料得出什麼其他的結論？你對十種影響方法以及它們的使用與效力有何結論？

PART II

合乎道德的影響方法

本書的第二單元探討大家如何以合乎道德的方法來影響彼此，一共有十種方法。任一種方法都不是每次都適用，各有其利弊，效果也因使用技巧及對方的接受度而異。多數人比較容易接受講理的方式，但有時候講理的吸引力不夠，或缺乏說服力。此外，如果你希望對方致力於你所提議的行動，講理可能還不夠，最好能訴諸對方的價值觀、爲人表率，或是動之以情（如果你和對方很熟，他也相信你）。在其他的情況中，你需要用交換或結盟的方式才能影響對方，研究顯示這兩種方法比較不常見，但是在有些情況下，這是唯一能用的工具。

這些影響方法不是隨時都有效，所以擅長發揮影響力的人擁有全套的工具，他們知道在各種情況和對象適用哪種工具。以下是十種合乎道德的影響方法，以及相關重點的摘要整理。在第三單元中，我將會說明四種暗黑的影響策略。

理性方法

講理

使用邏輯說明你的信念或希望，這是全球頭號的強效影響工具，幾乎是各文化中最常用、也最有效的影響方式。但並不是人人適用，有些情況下會完全無效。

以法爲據

訴諸權威，平均而言是全球效果最差的影響方法，但是對有些人來說，大多時候都行得通；對多數人來說，有些時候行得通，可以迅速讓人順從。

交換　協商或交換條件以取得對方的合作，這方法以隱約的方式表現時最爲有效。這在世界各地比較不常用，但有時候是達成協議或讓對方合作的唯一方法。

直述　主張你的信念或希望，當你有自信，以令人關注的口吻陳述時，這個強效影響工具最有效，但過度使用時則可能適得其反。

社交方法

閒聊交際　認識對方，抱持開放友善的態度，尋找共通點，恭維對方，讓人自我感覺良好。在許多文化和情況中，這是很重要的技巧，這個強效影響方法在全球使用頻率及效用上排名第二位。

動之以情　讓已經有交情的人認同你的提案或答應合作，這個強效影響工具是運用既有交情的長度與強度，在全球效用上排名第三。

請教諮詢　以提問的方式讓人參與或給予激勵，拉他一起參與解決問題，這個強效影響工具在全球使用頻率及效用上排名第四。此種方式適合亟欲貢獻點子的精明且自信的人士。

結盟　尋求支持或建立聯盟以便影響其他的人，運用同儕或團體壓力獲得對方的合作或同意。這個方法不常使用，也不是每次都有效，但是在適當的情況下，可能是獲得認同的唯一方法。

感性方法

訴諸價值

訴諸情感或內心，這是一次影響許多人的主要方式，也是讓人致力投入的最佳方法，所以情感訴求是宗教或精神領袖、理想主義者、募款者、政治人物常用的方法。

爲人表率

以身作則當榜樣，教導、訓練、諮詢和輔導，你可能在不知不覺中影響了別人。家長、領袖、管理者、公眾人物隨時都以這種方式影響他人，有些是正面的，有些是負面的，不管他們是否有意這麼做。這種影響方式在全球效用上排名第五。

第三章　聽我說分明

講理與以法為據

在喬治．奧威爾（George Orwell）的反烏托邦小說《動物農莊》（*Animal Farm*）裡，曼諾農場的老少校（那隻得過中等白鬃毛獎的公豬）做了個奇夢，決定和農場上的其他動物分享。隔天晚上，等農場主人仲斯先生醉得不省人事、仲斯太太也鼾聲大作後，動物們慢慢地聚集到大穀倉裡，聆聽老少校分享夢境。在這裡，老少校德高望重，當他開始訴說夢境時，大家都專注聆聽：

> 同志們，你們都聽說我昨晚做了個奇夢，但是等一下再提那個夢，我想先談點別的事。各位，我想我和你們相聚的日子應該只剩幾個月了，在我死之前，我覺得我有責任把累積的智慧傳給你們，我活了一大把年紀，獨自躺在豬圈時，有很多時間思考。我想我可以說，我比任何動物都懂活在這世上的意義，這是我首先想跟你們談的事情。[1]

在這段獨白的序曲中，老少校把自己描述成德高望重的長者，一個有責任傳承畢生智慧的大師，以博取聽眾的認同。他把自己塑造成專家，深諳「活在這世上的意義」，藉此把接下來要講的事情定位成真理：

> 那麼，同志們，我們活在這世上的意義是什麼呢？面對現實吧：我們這一生悲慘、勞碌又短暫。[2]

這個主張可能和認同這番話的動物產生共鳴，但是對於不這麼想的動物來說，則缺乏說服他們的證據。所以老少校接著提出證據佐證其論點：

> 我們出生以後，只獲得勉強生存的食物。我們身強體壯時，被迫幹活，做到用盡最後一絲的氣力。一旦沒有用了，便慘遭無情的屠殺。[3]

老少校直言他們的生活很悲慘，其中一個證明，就是他們只獲得勉強得以維生的食物，雖然餓不死，但是希望獲得更多食物的動物，都可能會認同欠缺食物的確很悲慘。此外，他們被迫幹活，「做到用盡最後一絲的氣力」，所以他們的生活很勞碌，一旦失去勞動力之後，就慘遭宰殺。他們從消失或送宰動物的命運，就可以知道此言不虛，所以老少校的話聽起來句句可信，接著老少校總結：

> 在英國，動物滿週歲以後都不知道什麼叫快樂或閒暇，所有的動物都毫無自由，生活悲慘，備受奴役，這是赤裸裸的眞相。[4]

老少校沒有呼籲大家行動，但是他一直在為這個論點打下邏輯基礎，揭露他們生活悲慘的原因，讓大家最後得出必須造反的結論。打好基礎之後，接著他開始講因果關係，但他想先消除跟自己結論不同的另一種合理推論：

> 難道這是天理嗎？難道我們的土地那麼貧瘠，無法提供我們美好的生活嗎？不，同志們，當然不是。英國的土地肥沃，氣候溫和，物產豐富，足以養活比現在更多的動物。我們這個農場就足以養活十二匹馬、二十頭牛、數百隻羊，而且大家都過得舒服又體面，是你們現在幾乎難以想像的境界。[5]

他們的日子悲慘不是因為土地無法提供更多的物產。證據呢？土地肥沃，氣候溫和，物產豐富，足以養活比現在曼諾農場還多的動物。把環境因素從可能造成動物悲慘的原因中排除後，老少校讓他們自然而然地接受他的預設前提：

> 爲什麼我們依然過著這種悲慘的日子？因爲我們勞動的成果幾乎都遭到人類竊取了。同志

們，那就是我們一切問題的答案，總歸一個字就是人，人是我們唯一眞正的敵人。6

那就是因果關係，老少校說，人是肇因，悲慘是後果。我們動物之所以那麼悲慘，就是因為人類幾乎偷走我們勞力的一切成果，讓我們沒有足夠的物資過更快樂的生活，接著他以行動號召作為結論：

趕走人，飢餓和辛勞的禍根就可以永遠消除了。7

他說，他們可以實現這種烏托邦的夢想，只要把人趕走就行了。老少校的演講包含了一些情感訴求，但主要是講理：

我們生活悲慘，
人類是造成我們悲慘的原因，
只要趕走人類，我們就不再悲慘了。

老少校試圖以講理的方式影響其他動物，而且他成功了。他的烏托邦遠景壯大了動物們的膽識，並說服牠們，人是悲慘的肇因，於是他們群起反叛，趕走了仲斯先生，之後並把農場更名為

「動物農莊」。

我們最常用來影響他人的方式之一，就是讓我們的要求或見解顯得合理或正當。以合理的方式，解釋為什麼希望達成某事或相信某事，我們認為如此一來，別人也會認同——因為我們的目標是合理的；這想法不無道理，因為任何有理性的人都會提出同樣的主張，提出同樣的證據，得出同樣的結論。換句話說，我們認為大家都是明理的，理性的，只要提出合理的要求，對方理應認同。當我們以理性的方式試圖影響他人時，基本上是在說「我想要X，**因為……**」或「我覺得正確答案是X，**因為……**」。**因為**兩字可能是明示或隱含的，但一定存在於你我的言詞中，因為理性的影響方法是提出理由解釋，或是以權威作為正當性依據。你應該做X，「因為那樣才合理」，或是你應該做X，「因為正統權威說你應該這麼做」。

十種合乎道德的影響方法中，有四種是理性的方法：講理、以法為據、交換、直述。本章探討講理和以法為據，包括它們如何運作，在不同的情況下有效或無效的原因，和這兩種方法必要的權力來源，與它們最相關的其他影響方法，以及有效運用這些方法所需的技巧等。世間最常用理性的影響方法，尤其是講理和直述，不過這些方法不見得最有效。即便如此，我們還是比較愛用這些理性的影響方法，因為我們認為一般人都是講理的，會做出理性的決策，但是讀到後面會

影響他人的常見方式之一，就是讓我們的要求或見解顯得合理或正當。

發現，事實不盡然是如此。

講理

在我研究的四十五個國家中，除了某一國以外，講理都是各國最通行的影響方法（我在第五章會告訴你哪個國家是例外）。在印度、中國、德國、美國和許多國家，講理不僅比其他的影響方式更常用，而且使用的頻率也**明顯**高出許多，可說是全球多數地方預設的影響方法。為什麼會這樣呢？我想主要是因為帕門尼德司（Parmendies，公元前五世紀）傳承給我們的理性思考傳統，他的弟子芝諾（Zeno，芝諾悖論的作者）以及其他古希臘的哲學家認為，光是主張他們所相信的事實是不夠的，他們還想要建立無可辯駁的論點來證明其主張，所以發明了邏輯。邏輯基本上是在尋找客觀的真理：一種可以證實、所有理性觀察者都認同的真理。相反的，東方的思想結合了了解經驗的相關方式（relational）和直覺方式（intuitive），得出比較主觀的真理（例如，和自然或祖先達成和諧），無法以理性的方法證明。

雖然東、西方了解經驗的方式皆影響了全球各地人民的思考和行為，但邏輯的魅力最大。邏輯就像病毒一樣傳遍了古代世界，改變了人類思維的ＤＮＡ，變成許多研究領域的知識基礎（例如物理、化學、生物、工程、語言、法律、心理、社會、哲學和醫學），也為教育奠基。學校除了傳授技巧和事實之外，也教導我們如何思考這個世界，如何以合乎邏輯的方式理性思考。

由於我們的教育偏向理性，所以我們想像自己是完全理性的，預期自己和他人的行為是理性的，決策也是理性的。當兩歲小孩問父母**為什麼**天空是藍的，或**為什麼**現在必須上床睡覺時，他們是想了解世界。他們預期聽到有意義的答案，在他們的理解範圍內合理的答案。不理性的人往往引人側目（有時我們會把他們關在精神療養院裡）。所以當我們想要影響他人時，預設模式是為想要達成的目的提出合乎邏輯的解釋，好讓我們的要求或見解顯得合理。以下是一些講理的例子：

- 「客戶認定的產品價值，與其認為產品幫他解決問題的能力成正比，所以產品從買家或最終用戶的眼中來看才有意義，其他都是推演出來的東西。只有買家或用戶能認定它的價值，因為價值只存於在他想要或他感覺到的效益裡。[8]」（這是典型的邏輯論點，如果你接受第一句話，後面的論述自然而然都很合理）
- 「在當今不確定的市場中，大家已經意識到企業的退休金無法提供保障，自己的技巧才可靠。所以，優秀的人才會進入願意幫他們培養新技巧、知識和經驗的企業。[9]」（「所以」兩字暗示著上下句之間的邏輯相關）
- 「耗散結構（Dissipative structure）顯示，**失序**可能是**秩序**的來源，成長可能出現在失衡而非平衡中。我們在組織中最怕看到的東西（波動、干擾、失衡等等），不見得是失序即將來臨、摧毀我們的跡象。相反的，波動是創意的主要來源。[10]」（這裡的邏輯論點是：如果**亂**

中有序的原則在自然界是真的，那麼在組織裡也是真的）

以下的例子是節錄自經典的商管書，但講理在比較普通的情境中也很明顯，例如：

- 「比爾，週六我們去看紅襪隊比賽，這場是強・雷斯特（Jon Lester）主投，應該會很精彩。」（如果是雷斯特主投，球賽會很精彩是合理的推論）
- 「我本來打算為荷西的生日做巧克力蛋糕，後來我想到他不喜歡巧克力，就改做胡蘿蔔蛋糕，希望你也喜歡。」（我的決定是理性的，我沒做巧克力蛋糕是**因為**荷西不喜歡巧克力）

你想影響他人時，如果是以合理的方式說明你想要什麼或為什麼想要，那就是講理。當你想證明你的方法或結論是根據合理標準做的最佳選擇；以驗證過的流程得出決定；依賴知識或專業為你的想法提出真實原因；提出圖表、圖形、資料、統計數據、照片或其他形式的證據來證明你的論點時，你也是在使用講理的技巧。

講理的實例：愛因斯坦

我想應該沒有人比愛因斯坦更適合用來說明講理的例子了。人稱愛因斯坦是現代物理學之父，也是有史以來最偉大的科學家，《時代》雜誌因他對二十世紀科學的卓越貢獻，把他評選為世紀風雲人物。但是愛因斯坦的童年一開始並不幸運。一八七九年他誕生於德國烏姆，生下來就不太一樣，母親覺得他可能有畸形傾向，因為他的頭相對於身體顯得太大，語言發展也遠遠落後於正常的小孩。他直到三歲才開始說話，剛開始上學時可能還有誦讀困難，九歲以後說話才漸漸正常。不過，言語問題並未影響他的好奇心。五歲時，他的工程師父親給他一個小羅盤，他對指針的移動原理相當好奇。愛因斯坦先天對機械裝置特別感興趣，亟欲了解物理世界的運作方式。

後來在就學期間，他在數學和物理方面的天分愈來愈明顯。一九〇〇年，他從蘇黎世的聯邦理工學院畢業，並獲得教學文憑。因為找不到教職，愛因斯坦到伯恩的瑞士專利局工作，在裡面負責評估電機方面的專利申請。接下來幾年，他的生產力豐富，發表了多篇論文，其中包括探討狹義相對論及光電效應的論文，他也從蘇黎世大學取得實驗物理博士的學位。後來，他離開專利局，開始擔任講師和教授，一九一四年當上柏林威廉大帝物理研究所的主任。一九二一年以光電效應榮獲諾貝爾物理學獎（當時相對論尚未獲得認同）。

愛因斯坦，擅長以講理的方式說服他人的大師。

愛因斯坦就像所有的科學家一樣，想要以合

理的方式說明他在世上所觀察到的現象。他出名的思想實驗讓他質疑宇宙的傳統力學觀，證明質量和能量是對等的、光速是恆定的、重力和加速度是無法區分的。為了證明這些主張，他提出邏輯解釋及數學方程式。他的理論在當時非常激進，引起許多人的反駁，後來的科學實驗一再證明他的革命性相對論正確無誤。

量子力學的發現也掀起另一波科學革命。愛因斯坦的相對論是描述極大物體的物理性質，維爾納・海森堡（Werner Heisenberg）、尼爾斯・波耳（Niels Bohr）、沃夫岡・鮑立（Wolfgang Pauli）等人的理論，則是說明極小物質的物理性質。物理學的難題之一是：電子之類的基本粒子，可用實驗證明它們同時是粒子，也是波。海森堡在探索這道與其他有關基本粒子的難題時，得出知名的「測不準原理」。此一原理主張，雖然你知道電子的位置或動量，但無法同時得知上述兩者。這個不確定性的自然觀點和愛因斯坦的論點相左。這沒有道理，所以愛因斯坦反駁：「上帝不會以擲骰子的方式創造宇宙。」很可惜的，相對論雖然可以用來說明宇宙的宏觀面，但是套用在微小層面時就失準了。量子力學可以精闢地說明原子內的世界，但是無法套用到宏觀面。兩個理論都是對的，但彼此無法相容。愛因斯坦直到過世之前，都在尋找一個可以協調量子力學和相對論的統一理論，兼顧極小與極大物體的物理特質，但沒有成功（直到今天也沒有人做到）。

像愛因斯坦那樣常用講理法的人有些共同的特色，他們之中有很多人擁有會計、商業、科學、數學或其他科學領域的學位，或是在需要以理性解決問題及決策的專業裡工作（例如法律界）。他們在求學過程中學會運用邏輯，專業上也需要邏輯，等於天天都使用邏輯思考。最常使用講理方式的人，使用這方式的頻率通常**遠高於**其他影響方式。他們很依賴講理法，如果這個方法行不通，他們還是會繼續使用，彷彿道理講得還不夠，只要提供足夠的證據和事實就能讓對方軟化似的。但由於他們太依賴講理，所以可能不習慣其他的影響方法，或不曾想過要嘗試其他的方法。

另一個有趣的現象是來自研究結果。最擅長講理的人，通常很擅長和支持者結盟，並以提問的方式吸引對方注意與接受他的觀點，從而影響對方。我認為他們擅長結盟，是因為他們的說服力讓他們找到並說服潛在的盟友來支持自己。他們善於提出有力的論點，所以能找到恰當的問題發問，讓別人得出跟他們一樣的結論。擅長講理的人，通常也是卓越的談判者，他們知道如何構思合理的提案，以事實佐證其論點，這些技巧讓他們更善於透過談判或交換條件（此種影響方法稱之為「交換」）來影響他人。

在《權力的要素》中，我提到有效影響及領導他人所需的權力來源[11]（本書附錄A裡歸納整理了這些權力來源）。一般人可能以為，知識和資訊是想要有效講理者必備的權力來源。見多識廣當然很重要，但根據研究顯示，講理最重要的權力來源其實是表達力，亦即清楚有效的溝通能力。光有知識和資訊還不足以讓人善於講理，你還必須把想法講到令人信服才行。

講理的另一個重要權力來源是聲譽，亦即你在組織或社群中的地位。這也是研究所得出的有趣發現，這顯示大家愈尊重你，愈有可能接受你的邏輯主張。不過，如果你沒什麼名氣或不受重視，即使邏輯推理完善、事實正確，你還是比較難說服他人。從這個矛盾現象中可以看出影響他人的關鍵。

同樣的，要有效使用講理法，個性也是個密切相關的權力來源。個性有瑕疵的人比較難以理服人。這點其實不足為奇，也更加凸顯出「評估說法是否有理，先看是誰說的」這句俗話所言不假。有趣的是，研究顯示，一個人講理的效果，其實和他在組織裡的角色或地位，或掌控的重要資源並非正相關。公司的高階管理者為了說服員工做某事而提出合理的解釋，不見得因為他的職位較高就比較可信。職位高可能有特權，但不見得就比較會講理。同理，富人或掌控龐大資源的人在講理時，也不見得有優勢。

想要有效地講理需要哪些技巧？研究顯示，擅長講理的人比較會邏輯推理、分析、以視覺呈現資料、提出深入的問題、找尋有創意的替代方案、運用有說服力的語氣。這些結果並不令人意外，但有些結果的確出人意表。例如善於講理的人也擅長聆聽，擅長培養和諧的關係與信任。獲得他人的聆聽對每個人來說，都是一種愉快的經驗，讓人覺得自己的意見獲得肯定，是值得參考的。所以當想要影響我們的人花時間聆聽我們的說法時，我們也比較願意接受他的論點。此外，如果影響者花時間和我們打好關係並取得信任，我們也比較可能接受他的說法。這些研究結果有深遠的意義。當你想用講理法影響他人時，如果能事先和對方打好關係，取得信賴，並**積極聆聽**對方的說法，你的論點就會顯得比較可信、也更具說服力。

講理有什麼缺點

麥肯錫（McKinsey & Company）、貝恩（Bain），波士頓顧問公司（Boston Consulting Group）、埃森哲（Accenture）等管理顧問公司向來以他們理性解決問題的方式自豪。他們系統化的資料蒐集和嚴謹的問題與機會分析，是為了得出最好、最合理的解決方案和建議。不過，有些資深顧問推測，客戶完全採用其建議的機率不到一半。客戶為什麼不用這些付出數百萬美元顧問費所得到的建議呢？如果這些是全球菁英分子透過邏輯分析，得出最合理的問題解決方案，為什麼管理高層不見得完全採用顧問的建議？原因之一在於，所謂的「最佳方案」不只需要邏輯而已。麥肯錫的傳奇董事馬文・鮑爾（Marvin Bauer）曾經說過，人類不是依靠理性做決策，而是憑藉感情做出決策以後，再透過邏輯自圓其說。

從古代的亞里斯多德和柏拉圖一直到現代，哲學家、心理學家，以及最近的神經科學家都試圖說明理智和情感在人類決策與行為中所扮演的角色。人類的大腦異於靈長類的地方，在於新皮層（neocortex，或是白質〔the white matter〕）的大小。新皮層讓我們產生意識、判斷和理性思考。但我們的新皮層是長在大腦比較原始的部位上方，跟著比較原始的部位一起運作。原始部位包含杏仁核（amygdala），位於腦幹上方，是情感迴路的根本組成。[12]在構成精神生活的持續思緒中，我們同時產生理性**和**情感，認知**和**情緒。事實上，我們之所以為人，就是因為我們無法完全區隔理性和情感（每個《星際爭霸戰》[1]的影迷都知道這點）。所以鮑爾的主張是有事實依據的，我們所做的每個決策、衍生出來的每個結論、思考的每個論點，在某種程度上都受到情感的影響，儘管我們當下可能沒有意識到。我們在評估邏輯論述時，生理上似乎無法只靠理性運作，即使是最真實、最有邏輯的論述，也可能無法讓有情感或心理偏見的人改做別的事情。

羅伯特・席爾迪尼（Robert B. Cialdini）在他討論影響力心理的經典著作中提到，我們常因為覺得需要禮尚往來而受到影響。[13]別人給了我們東西，我們就覺得有必要回報，**即使不見得合理**，我們也覺得我們需要表現一致，不能出爾反爾。所以當我們承諾做某事以後，就覺得有必要去做，**即使已經沒有道理那麼做了**。此外，我們也會受到他人行為的影響，**即使對方做的事不合邏輯**。我們常以為高價的服飾、珠寶、電子產品、藝術品等品質較高，價值也較高，但是價格和品質之間並沒有相關性。

我們常以為外表有魅力的人比較精明，行為舉止比較得體，也比較可能成功，這叫月暈效應（halo effect）。這顯然是不理性的，但是許多社會學研究都證實了月暈效應。我們也容易受到安慰劑效應（placebo effect）的愚弄，在醫藥研究中，半數病患服用真藥，另一半病患（對照組）在不知情的狀況下服用理論上沒有療效的安慰劑，然而在數千項研究中，對照組內有些病患的病情也好轉了。安慰劑效應至今仍是個謎，不過一般普遍認為是源自「服藥就能病癒」的**預期**心理。

我們其實不像自己所想的那麼理性，我們的決策受到許多自己沒有意識到的情感、心理、社會因素所影響。[14]人類有些活動領域比較偏理性，例如科學、數學、工程、科技、商業等領域。我們預期應用事實、分析資料，從解題和決策的結果中得出合理的結論。我們喜歡認為自己的策略和計畫是理性的（從某種程度上來說，確是如此）。在這些領域裡，講理是適當的影響方式。但是我們也必須了解，即使是在非常講求理性的領域裡，講理也可能無法影響他人，至少有時候是無效的，因為人類做的事情並非完全理性。如果你想用事實和數學公式來解開工程問題，採用理性方法是對的；但如果你想讓他人相信，你用來解決社會或家庭問題的方案是最好的，講理可能就沒你所預期的那麼有效，因為人不是機器，還是有其他的隱性因素可能影響其決策。

科特在《領導與變革》中主張，領導人不能預期別人永遠遵照他的命令行事，只因為那是老闆下的命令。此外，「光用說服的方式影響他人也是行不通的，雖然那可能是很強大的影響方法，或許也是最重要的影響方法，但是說服也有一些嚴重的缺點。說服者需要有時間（通常很費時）、技巧、資訊。只要對方不想聽或沒注意聽，說服就會失敗。[15]」這就是講理的缺點，不管你的邏輯有多完備，只要對方不想聽、另有定見、對你或你所代表的事物有偏見、不願在了解多方論點以前就先支持你、需要時間考慮再三、或有其他的隱情阻止他認同你，你就無法影響他了。

運用講理的好時機

在有些情境下，講理是比較好的影響方式，但這種方法比較可能讓人順從，而非投入。以下情境適合講理：

- 當你想影響的人已顯示他會接受講理的方式。例如，有人提出理性論點說服你，很可能他也比較接受講理的方式。
- 當你想影響的人**期待**合理的計畫或解決方案。例如，如果你要提交科學論文、企畫案、技術方案、財務分析等東西，某些情境（例如評估併購目標的商務會議）需要採用合理的方式，至少在最初階段是如此。
- 當你不是身陷危機，或不需要對方迅速順從。在危機中，你需要迅速見效的影響方式，例如以法為據。如果有時間多思考，講理可能比較有效。
- 該國或該組織的文化偏好講理。例如在思科（Cisco Systems）之類的科技公司或安侯建業（KPMG）之類的會計公司裡，講理是比較適合的影響方式。不過在服務或藝術相關的公司裡，其他方法可能比較恰當（例如訴諸價值、請教諮詢等）。
- 你具備對方所沒有的知識、技能、專業或見解，你的優越知識和資訊權有決定性。
- 你能言善道或善於表達，能運用口才提出令人信服的論點。切記，表達力對講理效果來說，是最密切相關的權力來源。相反的，如果你口才不好或表達欠缺說服力，講理可能就不是有效的方法了。
- 你有證據支持你的論點。如果事實一面倒地支持你的論點，即使對方在情感上有所抗拒，講理依舊有效。
- 當對方容易認同你的時候。不過，難就難在這裡，當對方本來就容易接受你的看法時，講理通常很有效，但是如果他們本來就不太想認同你，不管你講得多有道理，他們都可能抗拒你的邏輯，而且原因常令人匪夷所思或毫不相干。當對方因為情感、心理因素或其他的障礙而無法認同或不願認同時，提供他更多的事實或合理原因，也不太可能說服他，你應該改用其他的影響方式。

- 當你需要對方順從而非投入的時候。講理通常無法讓人熱切地投入某個理念，如果你需要對方熱切地投入，應該訴諸價值或為人表率。

講理的方式

一、熟悉對方，了解他是誰以及他的行為模式，知道他重視什麼以及預期從你身上得到什麼。

二、運用下面的簡單測試：「**為什麼他會答應？為什麼他會回絕？**」他們覺得什麼有說服力和吸引力？他們對你的提案可能提出什麼反駁？他們反駁時，你怎麼說？他們可能提出什麼議題？你如何回應那些議題？

三、你自己要很清楚為什麼他們**應該**認同你的提案。你要能簡單明瞭地陳述你的邏輯，以及佐證你邏輯的主要事實和論述。列出你的論點並確定它合乎邏輯，這樣做通常很有幫助。

四、找出佐證的事實和證據來建立你的論點，想辦法以令人信服的方式呈現那些資訊。

五、抓對影響的時機——當對方不受其他急事的逼迫，有時間審慎地思考，充分聆聽你論點的時候。

六、仔細聆聽對方的反應。切記，聆聽是和講理最密切相關的技巧之一。聆聽、審慎回應、提出讓人參與討論的問題、偶爾概略地歸納一番，是讓講理更有效的技巧。

七、影響通常是一個流程，而不是事件。你需要提出論點，萬一對方不認同，你要了解阻力所在，回頭針對阻力調整論點，然後再次提出。

以法為據

在奧威爾的《動物農莊》裡，動物把仲斯先生趕出農場後，雪球和拿破崙這兩隻大豬自然成了動物農莊的領袖，他們決定動物應該根據動物主義的原則自我管理，並把動物主義歸納為七誡。雪球冒著危險爬上梯子（有蹄子爬梯比較困難），把七誡寫在穀倉的牆上：

七誡

一、凡是靠兩腿走路的都是敵人。

二、凡是靠四腿走路或有翅膀的都是朋友。

三、動物都不可穿衣服。

四、動物都不可睡在床上。

五、動物都不可飲酒。

六、動物都不可殺害其他的動物。

七、所有的動物一律平等。[16]

這些是規範未來動物生活的戒規，不可改變。雪球和拿破崙宣布這七誡是農場法則，賦予這些法則正統性以影響其他動物的行為。後來，拿破崙暗中養了一群只效忠於他的惡犬，這些惡犬把雪球趕出農場，拿破崙的權力更為鞏固。他後來一一更改七誡，等到他和其他的豬獲得至高無上的地位時，七誡已經濃縮成一條極權準則：

所有的動物一律平等，但有些動物比其他的動物更平等。[17]

奧威爾的小說比喻極權主義的危險，拿破崙一角說明無情的獨裁者如何藉著曲解法律以成就自己，以及諂媚者如何幫他鞏固地位。不過，以權威影響他人不見得都是為了達到邪惡的目的。事實上，訴諸權威是大家常用來要求別人做事的方式。當我們以法為據影響他人時，就是想引用權威，主張我們想要的東西或我們希望對方相信、接受或遵守的事是合法的，因為權威就是這麼說的。講理需要比較久的時間，也不見得會成功，引用權威作為後盾則可讓對方無條件接受。以法為據是抄捷徑，通常會採用下列的形式：

你應該相信我		權威人士這麼說。
我們需要做X	**因為**	傳統上就是這麼做。
請這樣做		權威（例如父母、老闆、教授、法官、黨政首長、牧師、猶太拉比、祭司等等）這麼說。

以法為據之所以有效，是因為守法和尊重權威是文明的行為基礎之一。法律、習俗、傳統、協議、標準、規則、先例、慣例、地位、頭銜的創造，是為了讓我們以井然有序的方式和彼此相處，界定什麼是被容許的，什麼是不容許的。這些權威工具猶如文明人之間的行為協議，有人違反這些社會規範時，往往會遭到排擠或受到某種形式的懲罰。

以「停車再開」這個簡單的號誌為例，這是法律工具，也是法治權威的象徵。這個號誌讓交通井然有序地運作，通常是有效規範大家駕駛車輛的方式。換句話說，停車再開號誌是一種以法為據的影響方式。警察配戴的警徽、法官的長袍、神職人員的袍子和帽子、教授在畢業典禮上穿的長袍和方帽等權威的象徵也是另一種形式的以法為據。這些人穿戴著這些象徵，讓自己的所做所為以及他們希望別人做的事情有正當性。引用權威讓自己的影響意圖合法化有多種方法：

- 展示或穿戴法律或權威的**象徵**（如前面所述）。
- 引用某位公認的權威**人物**（例如我在本章稍早前引用席爾迪尼和科特的說法）。

- 引用**法令**（「最高法院今天裁定……」）。
- 引用某人的**頭銜**、**職位**或**位階**（「大主教宣布……」或「執行長希望我們盡快推動這項專案。」或「媽說我們應該等她」）。
- 引用代表權威的**團體**（「工黨決定……」或「遜尼派的領導人昨天開會討論……」）。
- 引用**成就**或**榮譽**（「他是諾貝爾獎得主」或「她榮獲二〇〇九年的史特加雷文學獎」）。
- 引用**法律**、**法規**或普遍接受的**標準**（「根據州法律的規定，我們別無選擇，只能這麼做」或「消毒的標準程序是……」）。
- 引用**以前的作品**、**先例**或**公告**（「我在《美國醫學協會期刊》上讀到……」或「我們以前就是這樣做，效果很好，所以……」）。
- 引用**行為規範**、**道德**或**傳統**（「打噴嚏後，應該說抱歉」或「己所不欲、勿施於人是做人的準則。」）。
- 引用**協議**（「這是我們協議的內容，所以我們就照著做吧」或「雙方之間的協議規定……」）。
- 引用**文化習俗**（日本習慣敬老尊賢，所以參加宴會時，應該先問候最年長的長輩，即使他不是位階最高者）。

這些權威的勢力大小顯然不一（例如法律比習俗更有權威），獲得的重視也不對等。事實上，有些人完全無視於權威。我做權力與影響力的研究時，請受訪者以一到五級回答他們對權威的尊重程度。有近八％的女性和一三％的男性表示，他們不太尊重權威（相反的，六二％的女性和五三％的男性表示他們很尊重權威）。有些人會尊重某種形式的權威，但是對其他形式的權威則不太理會。這也凸顯了以法為據的一項重點：只有在對方尊重你所引用的權威時，你的影響意圖才有效。

二〇〇九年伊朗總統大選時，競選連任的艾邁迪內賈德（Mahmoud Ahmadinejad）囊括三分之二的選票宣告獲勝，但伊朗國內外普遍指控他有做票之嫌。投票結束幾個小時後正式宣布選戰結果（這次投票率創新高），數百萬名伊朗人群起抗議。大選結束的後續幾週，人民紛紛走上德黑蘭和其他大城的街頭抗議，導致經常施暴的伊朗警方採取暴力鎮壓。伊朗最高的精神領袖哈米尼（Ayatollah Ali Khamenei）為了拉攏民意，宣布艾邁迪內賈德的勝選是上天的旨意。宣稱自己跟上帝談過，可說是終極的以法為據，也是宗教領袖希望大家迅速順從其意的傳統作法。然而，哈米尼援引神意並無法滿足成千上萬的伊朗人民，他們繼續冒著生命和肢體的危險以及喪失自由的風險表達憤怒。這裡我們看到人民不再尊重哈米尼代表的權威（很多人說他曲解事實），他想以權威影響大家的意圖失敗了。所以，以法為據只有在你想影響的對象尊重你所引用的權威時才有效。

影響效果與尊重權威

我的研究顯示，多數人大多時候仍會尊重某些權威或權威來源。不過，有些人先天就比較叛逆，大多數時候不把多數權威或權威來源放在眼裡。以法為據用在這些叛逆者身上顯然比較無效。我們常頌讚這些反叛者，例如《養子不教誰之過》（*Rebel Without a Cause*）裡的詹姆斯．狄恩；沙特和西蒙．波娃在巴黎左岸質疑慣例；畢卡索打破繪畫的規則和傳統；臉部特寫（Talking heads）樂團的大衛．拜恩（David Byrne）反抗流行音樂的期待；愛因斯坦主張物理定律不是牛頓所想的那樣等。反抗權威有種美好的解放感，我們預期優秀的藝術家和科學家作為反抗權威的先驅。不過，有趣的是，研究顯示在商業與日常生活中，不理會權威的人，影響力遠小於尊重權威的人。

誠如預期，尊重權威的人比較可能運用以法為據的影響方式，不過他們也比較可能嘗試請教諮詢、訴諸價值、講理、交換、閒聊交際等方式。總之，他們通常會運用比較多種的影響方法，大家也覺得他們比較善於影響他人，對別人的感覺與需求更敏銳，對他人展現興趣時較為真誠，比較會解決衝突、培養關係和信任，善於聆聽。顯然，他們的社交技巧比較優異。有趣的是，在「運用權威、但不給人高壓強硬感」方面，他們也獲得較高的評價。不尊重權威的人想要引用權

以法為據是指訴諸權威或引用權威來影響他人。當你以法為據時，你是引用權威來佐證自己的立場或要求。

威時，反而會欠缺手腕和技巧，因為他們通常是直言自己想要什麼，這往往讓人更加畏懼。

影響者以法為據，是因為這是影響他人的方便手法，可迅速讓人順服。警官大喊：「站住！」時，多數人都會馬上順從。不過，以法為據有點像是工具箱裡的沙紙，時機恰當時偶一為之就好，別太常使用，因為它是比較粗的沙紙，過度使用會讓人反彈。即使是尊重權威的人，經常受到權威的支配時也會發怒。另外，正如伊朗大選的問題所示，大家必須尊重權威才會願意順從。

訴諸權威的另一個缺點是，這可能會是邏輯謬誤。當某人提出主張，並引用權威賦予其正當性時，大家應該質疑這權威是否能信賴。知名女星在漱口水的廣告中可能充滿了魅力，但她不太可能是漱口水的權威。同樣的，如果我主張非暴力抗爭比暴力抗爭好，我引用甘地來佐證我的說法，這就是引用權威。引用甘地不會讓我的說法不實，但也不會讓我的說法屬實。不過，如果你尊敬甘地又了解他對於非暴力抗爭的立場，你就會認同我的說法。但是，如果我是引用毛澤東為例，你可能會質疑我對歷史的了解。重點在於：當你引用權威時，你應該確定這個權威是可靠、值得信賴的，而且你試圖影響的對象也要認定這個權威是真實、有說服力的才行。

以法為據的實例：美國大法官露絲・金斯柏格

露絲・金斯柏格（Ruth Bader Ginsburg）和美國最高法院的其他大法官就是以法為據的絕佳例子。這些法官在個人宣誓和法律的約束下，同時訴諸權威（援引法律先例），也代表其他人訴諸的權威。法官、律師、警察、行政官員、書記，以及其他由法律、法規、判例和傳統規範的職位，常引用權威來佐證其說法與決定。不管我們是否接受他們的說法，他們都代表了權威的聲音。

一九三三年，金斯柏格生於紐約的布魯克林，在康乃爾大學取得學士學位。一九五四年進入哈佛大學的法學院就讀，全班五百多人，只有九名女性，她是其中之一。

金斯柏格後來轉學到哥倫比亞大學法學院，並取得法律學位。在她傑出的職業生涯初期，她開始因獨立自主及擅長和政治理念不同者共事而聞名。她是哥倫比亞大學的研究主任，在羅格斯大學和杜蘭大學擔任法學教授，是史丹佛大學行為科學高等研究中心的學者，美國公民自由聯盟的法務長，華盛頓特區上訴法庭的法官，柯林頓總統（民主黨）提名她為最高法院的大法官，並獲得參議員歐林．海契（Orrin Hatch，共和黨員）的大力支持。在法庭上，她通常是投票支持自由派，但是和她最密切的同事，是保守派的大法官安東寧．斯卡利亞（Antonin Scalia）。

金斯柏格和同在最高法院任職的其他大法官，經常援引法律以佐證其決策。

我的權力與影響力研究顯示，像金斯柏格那樣經常以法為據的人，也常運用結盟的影響方式。我把結盟定義為找支持你觀點的人，然後運用集體的力量說服其他人。例如，如果我想說服老闆讓我下面的員工採取彈性工時，但我又認為他不會同意我個人的提案，所以我會先找其他的同級主管協商，他們都願意支持我的提案，於是我請他們一起向老闆提議，以同儕壓力作為影響策略。事實上，我們是以團體意見的力量，賦予這個提案正當性。所以，以法為據和結盟是相關的影響方式，經常使用其中一種方式的人也常會使用另外一種。因此，金斯柏格和最高法院的其他大法官試圖影響司法見解時，他們除了以法為據外，也可能運用結盟的方式。

和以法為據的效果最有關的權力來源是**表達力**（因為有技巧地訴諸權威比較有說服力，也比較不會讓人覺得高壓強硬）、**聲譽**（因為備受尊重的人以法為據時比較容易獲得接受）、**角色**（因為大家預期當權者偶爾會使用權威）、**人脈**（因為人脈亨通的人比較善於引用團體的權威，也和那個團體密切相關）。以上幾乎就是金斯柏格的寫照，她有溝通的天賦，良好的聲譽，位居美國最有權勢的職位；她在職業生涯中建立了廣泛的人脈，在專業領域中見識廣博，可取得大量的資訊。所以，**知識**和**資訊**這兩個權力來源也和以法為據密切相關。想要有效使用以法為據，你必須知道哪個權威來源最具吸引力和說服力。你知道的愈多，愈能巧妙運用這個影響方法。

就如我們所預期，**魅力**這個權力來源和以法為據的使用頻率是負相關的。魅力是吸引他人或讓人喜歡你的能力，研究顯示，大家覺得經常以法為據的人比較沒有魅力。前面提過，以法為據就像以粗糙的沙紙摩擦別人的皮膚，太常做會惹火對方。顯然，以法為據比較不可能在最高法院

（以及其他大家預期引用權威的地方）引發負面反應。在這些例子中，以法為據不僅是可接受的，甚至還是比較好的方式。

不過研究證實，在商業及日常生活中，只要稍稍運用以法為據就能產生很大的效果，萬一太常使用可能導致對方疏離。最擅長以法為據的人，其實反而不常使用這個方法；經常以法為據的人，影響力反而最差。與以法為據最密切相關的兩種技巧是展現威信，以及使用威權但不顯得高壓強硬。不過，善於以法為據的人也擅長達成共識、化解矛盾、交涉或談判。總之，他們在適當時機引用適當的權威以拉近彼此距離時，很善於促成協議。

運用以法為據的好時機

在一般的商業和生活情境中，以法為據的目的，是為了讓人迅速順服或認同，以發揮其背後的權威。以下是使用這個方法的情境。

- 你只想讓對方順服，沒時間講理、協商或使用其他更花時間的影響方法時。
- 你想要符合政策、流程、規定、法律、習俗或傳統，對方不知道那些內容是什麼，或需要你

當你以法為據時，要確定你引用的權威是可靠、值得信賴的，也要確定對方覺得這權威是真實、令人信服的。

提醒內容時。

- 當下需要對方無異議地遵守時，例如絕對遵守法律、規定、合約或協議；攸關安全或其他重要的議題；對方不照你的意思做，會有嚴重的後果時（「媽媽說不可以拿剪刀跑來跑去，所以別那樣做。」）。
- 當權者要求你影響他人，你可以訴諸權威，讓你的要求正當化（「老闆說我們必須這麼做。」）。
- 提及合法的權威可讓你的主張顯得更嚴肅、可靠或可信的時候（例如引用可靠的消息來源）。
- 當你在比較正式或官僚的文化或組織裡運作，遵守規則和尊重權威是社會規範時，以法為據不僅接受度較高，可能也是大家所預期的。
- 當組織陷入危機，大家都了解情況危急時。在危機中，大家通常比較會服從權威。
- 當對方很尊重權威，除非你引用權威，否則他不太可能順從的時候。

如何以法為據

一、了解對方，只引用他覺得可靠又尊重的權威。

二、以政策、程序、標準做法、規則、法規或傳統作為你決定的基礎（「根據部門的作業程序，所有的工程圖都應該交給……」、「政策說明書上說，我們應該……」、「傳統上，公司處理這些情況的方式是……」、「我們在文宣中承諾……」）。

三、要求或主張時引用更高的權威（「副總裁授權我執行這項計畫，我需要你協助……」或「廠長要求我調查我們聚乙烯的使用……」）。

四、在書寫或說話時，引用權威的說法來佐證或強化你的論點。

五、在適合的情況下，引用先例佐證你的決定或建議（「二〇〇八年環保局的研究也證實了這些結果……」）。

六、別過度使用這種方式，或是用得太直接或過於高壓強硬。衡量對方的反應，如果察覺對方有反抗或懷疑的跡象，就應該考慮改用其他的影響方式。在世界各地，以法為據都是使用得最少的影響方法，因為一般人大多不喜歡被要求要做什麼，態度強硬的權威也令人反彈。除非有必要，才用這個方法。

觀念精粹

一、四種理性影響的方法是講理、以法爲據、交換、直述。

二、我們最常用來影響他人的方式之一，是讓我們的要求或立場顯得合理或正當。

三、講理是世界各地最常用的影響方法，不過，它的説服力往往不像我們所想的那麼有效。愈來愈多的證據顯示，我們潛意識常受到多種情感和心理因素的影響，讓我們無法理性思考。所以大家常憑一時的情感作決定，然後再透過邏輯自圓其説。

四、以法爲據是訴諸或引用權威來影響他人。當你以法爲據時，你是引用權威來佐證你的立場或要求。

五、以法爲據時，你必須確定引用的權威是可靠且值得信賴的來源，也要確定你想影響的人認爲這個權威是眞實又令人信服的。

延伸思考

一、本章探討的兩種理性影響方法是講理和以法爲據，你最常使用哪一種？

二、這兩種技巧中，你最擅長哪一種？最不擅長哪一種？

三、你覺得哪種講理方式最有説服力？如果某人想以講理的方式影響你，他必須怎麼做才有説服力？

四、想一個未來你需要影響他人的重要情境。假設你需要用講理的方式，你的論點是什麼？你會提出什麼證據？爲什麼對方可能受到影響？爲什麼對方可能不受影響？

五、你對權威的尊重程度如何？哪種權威你比較尊重，哪種權威你比較不予理會？

六、想像和第四題一樣的情境，這次你必須以法爲據來影響對方，你會訴諸什麼權威？你如何以權威來佐證你的目的？對方尊重這些權威嗎？你能提出令人信服的論點嗎？

〔譯者注〕

[1] 電影《星際爭霸戰》裡的瓦肯人與地球人一樣，有理性也有感性。不過他們不容許自己的感性發展，視感性的出現為不符合邏輯的行徑而鄙視感情。所以他們的一切行為皆符合邏輯。瓦肯人過著嚴格自律的生活以壓抑情緒的影響。他們依賴冥想技巧與心理原則，以避免感情影響判斷。但是瓦肯人也像人類一樣，無法完全擺脫情感，完全按邏輯生活，所以他們精心設計詳盡的儀式，引導與安全釋放情緒與性慾。瓦肯人會定期回自己的星球參與戒備森嚴的年度儀式，做徹底的情緒淨化。

第四章　相信我

交換和直述

美國文學中，談到影響力的有趣例子之一是馬克．吐溫的《湯姆歷險記》。那是個美好的週六早晨，湯姆當天有很多事想做，但是波莉姨媽要求他把三十碼長、九呎高的木板柵欄刷白。他想到這樣一來，他會錯過很多樂子，其他的孩子肯定會取笑他，因為他必須工作，不能出去玩。他想要付錢請別人幫他做事，但是他又沒什麼家當可以賄賂他們。後來，湯姆靈機一動，第一個朋友過來嘲笑他時，他假裝樂在其中：「誰有機會天天粉刷柵欄呢？」他這麼一說，反倒勾起了男孩的興趣，男孩馬上問他能不能讓他刷一下，但是湯姆不肯，直到那男孩提議以部分的蘋果跟他交換，他才答應。後來，其他的男孩也來了，他們都拿出東西和湯姆交換粉刷柵欄的樂趣，馬克吐溫寫道：

> 到了下午，湯姆已經從早上的窮小子搖身變成口袋滿滿的富少，除了上面提到的東西以外，他還有十二顆彈珠、單簧口琴、可透視的藍色玻璃、一捆軸線、一把什麼鎖也打不開的鑰匙、一截粉筆、玻璃瓶塞、小錫兵、兩隻蝌蚪、獨眼小貓、黃銅門把、狗項圈（但沒有

> 狗）、刀柄、四片柳丁皮、破舊的窗框。他整個早上和下午都很悠閒自在，還有很多同伴，柵欄還上了三層白漆！要不是因爲白漆用光了，他應該可以掏光村子裡所有男孩的家當。[1]

當別人有你想要的東西時，讓人把東西給你的有效方法，通常是拿別的東西去交換。這是理性的影響方式，因為這讓對方的腦袋開始盤算：「我願意為了別的東西而放棄這個東西嗎？這是個公平的交易嗎？」這盤算可能不是有意識的，但是有人對你提議交換有價值的東西時，你不可能完全不權衡交換的利弊，就像你看到商品的零售價格時，不可能私下完全不評估那樣東西是否有標價上所顯示的價值。

另一種讓人開始盤算的理性影響方式是直述法。在二〇〇九年叫好不叫座的諷刺電影《超異能部隊》（*The Men Who Stare at Goats*）中，伊旺·麥奎格飾演戰地記者鮑伯·威爾頓（Bob Wilton），他遇到喬治·克魯尼所飾演的神祕人物林·卡西迪（Lyn Cassady）。卡西迪宣稱自己曾是美國軍方一支祕密部隊的一員，那支部隊名叫新地球軍團。該部隊專門訓練成員以特異功能解決衝突和打敗敵人。威爾頓雖然懷疑，卻也深感好奇，因此跟著卡西迪到伊拉克深入了解狀況。威爾頓跟隨卡西迪期間，卡西迪宣稱自己有一些特異功能，包括神準直覺、千里眼、隱形、驅散雲霧、穿牆、心電感應（他可以瞪死山羊）。威爾頓一開始不相信他真的有那麼神，但是卡西迪把一切講得跟真的一樣，威爾頓開始覺得卡西迪是巫師，逐漸相信他所言不假，那就是直述的威力。

有人試圖以直述法影響你時，他們只要堅持觀點或立場就行了，你必須自己判斷要不要相信他的說法。換句話說，你必須盤算他的立場是否合理，以及你能否接受、想不想提出質疑。對方講得愈有自信、愈大膽時，你愈有可能接納他的說法，除非他說得太古怪、太離譜、太有威脅性，或是令你感到不滿。本章將深入探索這兩種理性的影響方式。

交換

交換有很多種說法：以物易物、討價還價、談判、講價、議價、殺價、交易。跳蚤市場、車庫舊物拍賣、市集、舊貨交換會、分類廣告、拍賣、eBay、Craigslist（美國的一個大型免費分類廣告網站）、證券交易所等等，都是採用這種方式。人類的心理原本就喜歡以物易物，這項喜好遠溯及史前時代，那時我們的老祖先學會了合作共存的重要。提議以某物交換想要的另一物，可說是人類所知最古老的正派影響方式之一了。

把買賣商品與服務想成影響方法看似奇怪，但是不要誤會，那真的是一種影響。你去市場上買麵包時，你是拿錢交換商品。這個交換看似公式化，但我們的行為其實都是想改變對方的行為。有時候，我們會討價還價，有時賣方會給我們一些折扣，那不僅是想引誘我們購買，也想讓

當利益衝突的各方想達成協議時，幾乎只剩交換這個影響方法是可行的。

我們對他產生好感，之後再次光顧或介紹朋友去買。買賣的整個流程都是在發揮影響力，參與的每個人都想要影響對方。

交換的影響方式通常非常透明。想像你在塔什干（Tashkent）向一個商人購買地毯，他告訴你那塊地毯有多麼高級，是用什麼材料製作的（甚至讓你看是誰製造那些精緻的地毯），有多耐用，鋪在家裡有多美，還稱讚你很內行找上他。你很喜歡那塊地毯，卻假裝無動於衷，嫌顏色不對，又說那可能和客廳不搭，或是到別處可以找到更划算的選擇（他向你保證不可能）。最後，你買下地毯，價格比你想付的高一些，但賣家說那價格已經令他母親痛哭流涕，不過你們雙方都對這筆交易很滿意。這一整個買賣流程，就是以交換的方式發揮影響力。

透明或明顯的利益交換也經常發生在國會殿堂，以及世界各地的鄉、鎮、市、州、領土、部落、國家的立法與行政單位裡。執政者或民意代表聚在一起制定法律，為他們所代表的人民利益克盡職責，他們協商、辯論、談判、妥協，除非有人願意讓步，否則什麼目標都難以達成。政治妥協的藝術，在於為了獲得想得到的東西，必須放棄一些東西。在國會的殿堂裡，少了明確的交換，幾乎什麼也無法談成。眾議員和參議員（以及試圖影響他們的遊說人士）如果欠缺交換的能力，則形同無能。當利益衝突的各方想達成協議時，幾乎只剩交換這個影響方法是可行的。

約翰．迦納（John W. Gardner）在其著作《論領導》（*On Leadership*）中寫道：「我們可以把行使權力想成一種交換，你想從我這邊得到某樣東西，你有權選擇給我想要的結果，或想避免的結果。例如，你可以給我優等或把我當掉，你可以承諾把我升為主管或把我降為職員，你可以幫我加薪或減薪，你可以給予關愛或吝於關愛。[2]」迦納所指的交換，是以領導者與管理者握有的角色權力為基礎。不過，他的概念可以更廣泛地套用到每個人身上，因為我們都有權力基礎，讓我們以交換條件的方式影響他人。交換是以顯性或隱性的交易或妥協來影響他人。在有些文化中，這是大家普遍都能接受的方式（例如巴基斯坦、中國、印度、香港、台灣、美國、加拿大）。但是在另一些文化中，比較少看到個人的明顯交換（例如法國、瑞典、丹麥、波蘭、荷蘭）。不過，即使在這些文化裡，市集、證券交易所、拍賣、立法機關裡發生的交換不只是可接受的，更是必要的。

有些人不喜歡交換這種影響方法，因為感覺像在交易，甚至有點小家子氣，尤其是在國際或工作場合上。他們可能覺得那很像是：「如果你不管我亂報帳的問題，我就推薦你升任主管。」有時候，這種不道德的操弄手法的確會發生，但這不是我所講的交換方式。一般可接受而又常見的交換形式，是以誠信為本進行協商的時候。我們請同事幫忙專案，也禮尚往來提供他所需要的協助，或是當我們要求與得到某物時，覺得日後也有義務回報。以下是一些交換的例子：

- 家長告訴孩子：「如果你在晚餐前把房間打掃乾淨，就可以吃甜點。」（這是家長最熟悉的明確交換方式，這不僅教小孩如何交涉，也教他們合作和負責）
- 員工對老闆說：「你要我做的工作我不是很喜歡，但是如果你答應一年後把我調去特別調查組，我願意接下這份工作。」（我在美國陸軍服役時，就這樣提議過。指揮官答應我了，我

履行了我的諾言，他也履行了他的承諾）

- 供應商和業務代表之間的利益交換，天天都在世界各地的公司行號裡上演，在這種互相的妥協讓步中，每個人在達成協議以前都在影響對方。例如：

供應商：瓊恩，我想向整個委員會介紹我們提議的解決方案。

瓊恩：這有點困難，大家都很忙，很難讓每個人都擠出三十分鐘以上的時間，而且最快可能要到下週才有機會。

供應商：如果我們只做三十分鐘的現場簡介呢？我可以給他們網路直播的連結，裡面有較多的細節，他們可以事後再看。

瓊恩：簡介可以在十五分鐘內做完，然後留點時間發問嗎？

供應商：我們可以只談大重點，接著就回答大家的問題。

瓊恩：好，我來看大家的行事曆，然後再跟你聯絡時間怎麼安排，但是你的時間和日期需要彈性一點。

供應商：沒問題，謝謝。

- 約翰問同事貝絲：「妳可以幫我看一下停電報告嗎？如果能告訴我寫得好不好，我會感激不盡的，謝謝。」（這裡交換了什麼利益？約翰請貝絲幫個忙。以後貝絲需要約翰幫忙時，她可以合理期望他會答應，以回報這次的幫助。交換通常是比較隱約，而非明顯的。互助是同

事、朋友、鄰居、同學、隊友、家人之間相互配合的一大表現）

如最後一例所示，交換往往是因為我們覺得有義務回報別人的恩情。席爾迪尼在討論影響力心理的著作中談及互惠的力量，亦即我們覺得有義務回報人情債、幫助、贈與、邀請和善意。他指出，我們之所以為人，就是因為有這種「人情債」或「義務的關連」讓我們相互配合並建立起互信互賴的社會，靠著分享、合作、互惠把大家緊密地結合起來。[3]要不是我們長久以來願意相互幫忙，投桃報李，我們無法群居或發展出文明。這表示交換是人類根深柢固的作法，就連有人對我們微笑而我們報以微笑，這種簡單的舉動也是一種交流。我們的言行舉止通常是潛意識的，我們打從心底知道，當我們為別人做某事時，對方也會覺得有義務回報，反之亦然。

在我個人的經驗中，交換一般來說是不明顯的，除非你身處市場或是在政治圈裡。在人際關係中，一般人通常不會以明顯交換的方式影響他人。你可能不會對朋友說：「今晚我真的很想去義大利餐廳，但我知道妳比較喜歡日本料理，這樣好不好？如果妳答應今晚去義大利餐廳，我答應妳下次去日本料理店。」約翰也不會對同事貝絲說：「如果妳今天幫我看停電報告，下次我也會幫妳看報告。」這種說法對多數人來說都太過功利了，你比較可能會說：「今晚我想去義大利

交換是以明顯或含蓄的交易或妥協，來影響他人。驅動我們交換的心理原則是互惠，亦即我們覺得有義務回報對方的人情債、幫助、贈與、邀請和善意。

餐廳，妳覺得好嗎？」、「如果妳能幫我看停電報告，我會感激不盡。」

這些例子顯示，雖然有時候交易是明顯的協商，但多數的人際交換是含蓄暗示的。無論是明顯或含蓄的，這些都是理性的影響方法，因為這其實是在交涉合作。有人對我們提出要求時，我們會權衡他們要求的價值，以及我們預期獲得的回報有多少價值。要讓人答應交換，他付出去的價值必須跟收到的價值差不多。如果朋友答應今晚去義大利餐廳，但是希望我們明年都去日本料理店，我會拒絕，因為這個交換不公平。如果同事答應現在幫我看十頁的停電報告，但希望我之後幫她編輯五千頁的地下水位研究報告，又要幫她代筆寫報告摘要，我會覺得她在占我便宜並加以婉拒。這道理雖然很容易理解，但還是要特別說明：唯有雙方互惠及收到的交換價值差不多，交換才是有效影響他人的方法。你要求的價值不能比你所願意付出的還要多。

交換有什麼缺點？

交換是日常生活的一部分，但是只有在我們相信對方也會回報時才有效。所以，含蓄的交換比較可能發生在親朋好友、同文化的同事和事業伙伴之間，比較不會發生在買賣雙方、陌生人、不同文化的人民、彼此無法互信的機構之間（例如衛生局的檢查員和過去曾違反衛生規定的餐廳）。和交換最密切相關的四種權力來源是個性、交情、魅力和聲譽。所以，有人想以交換的方式影響我時，我其實是在自問：我信任這個人嗎？我跟他熟嗎？我喜歡他嗎？他名聲好嗎？在答應幫他以前，我必須相信這是公平的交換，以及將來我有需要時他也會幫我的忙。

在信任不足時，例如陌生人想以交換的方式影響我，我可能會希望交換是明顯的、較見交易性質的，我想知道我配合他能得到什麼。我希望事情能講清楚，最好能寫下來。這種交換比較透明，我比較放心在付出以後，將會得到我想要的回報。

交換的一個潛在缺點是缺乏信任。有高度的信任時，交換通常是含蓄不表的；當信任低落時，交換通常是明顯，比較交易性質的。在市場上，不認識彼此的買賣雙方會把交換正式化，讓彼此都知道交換的「規則」。如果一方不信任另一方，交換可能就無法成立。例如，交戰國進行和平談判時，雙方明顯互不信任，難以達成協議。最後，如果雙方想要和平，往往必須同意彼此都厭惡的交換條件。

前面提過，雙方交換的價值應該差不多。不過，有時候，一方亟需某項需求，他所願意付出的東西將多於回報。例如，只要表姊願意借她禮服出席畫廊的開幕典禮，她願意幫表姊辦生日派對。開幕就是明天，而那套禮服也相當完美。之後，生日派對比她所預期的規模大上許多，她反而開始怨恨表姊「逼」她進行那個不再公平的交易。我們對交換價值的觀感可能在後來改變，尤其在價值未事先講清楚的情況下，後來產生的不公平感可能會破壞雙方的關係，甚至會讓一方違背先前的承諾。要讓交換成為長期有效的影響方法，需要雙方都覺得交換的價值很公平，而且彼此必須維持信任度。

調解人范伯格是以交換方式影響他人的大師。

交換的實例：調解人肯尼斯．范伯格

肯尼斯．范伯格（Kenneth R. Feinberg）可能是自所羅門王以來最厲害的調解人，他從紐約大學的法學院畢業後，在紐約州上訴法院擔任了幾年的書記，後來到曼哈頓擔任檢察官，與當時還沒當上紐約市長的魯道夫．朱利安尼（Rudolph Giuliani）共事。

幾年後，他在華盛頓特區的律師事務所工作，處理一樁由越戰老兵對橙劑製造商所提出的集體訴訟案。橙劑（Agent Orange）是一種枯葉劑，老兵控訴該化學物質對越戰期間接觸過的士兵造成嚴重的健康問題。這個官司已經拖了八年，雙方依舊爭論不休，也都不願讓步，但是范伯格接手後，在六週內就讓雙方達成雖不滿意但可接受的妥協方案。此後，他又獲聘處理以下的案件：幫忙仲裁扎普魯德（Zapruder）拍攝的甘迺迪刺殺案影片的公平市價；判定納粹大屠殺奴隸勞動案件的法律費用公平分配；為二〇〇七年維吉尼亞理工大學校園槍擊案的受害者和遇難家屬處理慰問金；決定二〇〇八年金融危機後，獲得聯邦政府紓困的公司的高層薪酬。

不過，他最有名的案子，是擔任九一一受害者賠償基金的管理者，這是他為了公益，無償接手的艱鉅任務，並且以三十三個月的時間完成。這是他職業生涯中最具挑戰性的調解案件。在過程中，他遭到一些受害家屬的中傷，也有一些受害家屬給予讚揚，事後大家都認為他是調解大師。最近，歐巴馬總統要求他處理英國石油（BP）墨西哥灣漏油事件的兩百億美元索賠案。毫無疑問，范伯格非常擅長以交換技巧影響他人。

在有關權力與影響力的研究中，出現了一些比較有趣的研究結果，例如交換法和動之以情兩者的使用頻率有高度相關。我們會在下一章中，深入討論動之以情這個方法。不過這裡先簡單說明一下，當你要求朋友或熟識的人幫忙時，你是想用既有的交情來影響他們（讓他們答應你）。當你信任某個人時，這個技巧很像含蓄的交換，所以這兩種影響方法有很多的相似之處。

像范伯格那樣常用交換方式影響他人的調解人，也常用講理和請教諮詢的方式。他們以合理的論點說明自己所主張的交換方案為什麼可行，或是把對方拉進來一起解決問題，讓他們參與。范伯格說，他是從調解經驗中學習變成更好的聆聽者。他常用詢問（以徵詢各方觀點）及提出合理論點（針對一方或多方抱持的不妥協立場，指出替代方案的效用）的方式進行調解。

交換的主要權力來源是個性、交情、魅力和聲譽。個性之所以重要，是因為一般人比較願意和自己信任的人協商或交換。交情很重要，因為熟悉度有助於含蓄的交換。魅力也很重要，因為一般人比較願意和自己喜歡的人交易。當我們面對敬重的人時，比較願意退讓，所以聲譽也很重要。像范伯格那樣學識淵博、善於表達的談判者和協調者，也比較擅長運用交換技巧。知識讓他們更有能力塑造讓對方接納的交換條件；表達力則讓他們在陳述交易條件時更有說服力。

有趣的是，研究顯示，對交換最不重要的權力來源是資源。一般可能認為掌控對方想要或需要的資源可能讓影響者更有交換的籌碼，但是個性、交情、魅力和聲譽其實更重要。這四種主要的權力來源是信任的基礎，在談判或交換利益上，培養信任遠比來自財富或控制資源的權力更為重要。

我們可以在卓越的談判者與協調者身上看到有效交換所需的技巧：聆聽、培養關係和信任、支持與鼓勵對方、了解對方重視什麼、輕鬆交談、尋找有創意的替代方案、對他人展現真誠的興趣、敏銳地注意他人的感覺和需要。這些大多是人際互動的技巧，需要對他人的深入了解。當影響者了解對方所重視的東西，對於對方的感覺和需要足夠敏感，交換就是一種有效的影響方法。善於交換的影響者是很好的傾聽者，且具有創意，這可以幫助他們尋找對方願意交換的選項。他們也擅長培養關係和信任。相反的，在不善於交換的人身上，我們常常看到他們堅持己見、充滿自信、使用獨斷性的非言語方式、行為專橫。換句話說，他們比較強勢，不知何時該以退為進。他們如此強硬不知變通，所以在使用交換法時，較難影響他人。

運用交換的恰當時機

任何經驗豐富的調解者都知道，交換的流程比較可能讓人順從，而不是投入。你可能得到可以接受的結果，但結果未必盡如人意。不過，在正常的情況下，交換可以得出讓每個人都能接受的結果。以下的情境可使用交換法：

- 你和對方有互信基礎，他們可能願意幫忙或答應要求（你必須日後願意回報）。
- 對方需要或重視你拿出來交換的東西。
- 你和對方有共事或合作的關係，你們經常合作。例如，在團隊合作中，交換是標準的作法。為了完成團隊的任務，隊友預期彼此會持續地讓步妥協。合作不見得要明顯，但是無法合作會引起注意，通常會受到處罰。
- 當你沒什麼角色權威，而又需要尋求對方合作時。交換通常是欠缺權力者用來影響他人的最後殺手鐧。例如，街頭乞丐學會表現出讓施捨者覺得濟貧很好的樣子。實際上，乞丐交換的是讓施捨者自我感覺良好的能力。
- 當你試圖影響陌生人或沒有信任基礎的人時，清楚的交涉對雙方來說都比較放心。
- 對方正在找尋某個有利的交換，而你所能提供的東西對他來說很有吸引力。
- 對方沒有什麼理由或動機和你合作的時候。
- 當交換是達成協議或折衷方案的唯一方式（在政治利益的交換上很常見）。

什麼狀況下不適合使用交換？

- 你不信任對方或對方不信任你時。

- 對方可能事後占你便宜，對你要求的東西比你得到的還多。要特別注意那些你欠他人情的對象。
- 太多明顯的交換可能讓雙方的關係像交易。父母每次想要孩子做什麼事時，都提供獎勵「賄賂」孩子，就會出現這種現象。這種方式實行了一陣子之後，只要少了獎勵，孩子就不願做任何事了。純交易的關係終究會失敗，因為合作的代價會愈來愈高。當親子間的所有互動都變成交易時，孩子對家長的尊重也會蕩然無存。

如何有效交換

一、了解對方，知道他重視什麼，他們為什麼願意或不願意跟你合作。運用以下的簡單測試，自問：**對方為什麼會答應受你影響，對方為什麼會拒絕受你影響？**他們覺得以什麼和他們交換合作或協議會很有價值或很有吸引力？

二、在以交換方式影響對方以前，先和對方培養友好的關係和信任。有信賴基礎的關係可以讓交換變得更容易、更有效。

三、交換時，仔細聆聽對方，積極回應。如果對方不接受你的初步提案，就尋出更有創意的替代方案。試著尋求雙方都可接受的折衷方案，必要時，要提供比最初提案更多的東西。

四、無條件地主動幫忙對方，不要明顯尋求回報或附帶條件，這樣一來對方自然覺得欠你一份人情，更可能在日後答應你的要求。正如科特所言：「卓越的管理者通常會用心幫助那些覺得有義務回報人情的人。」[4]

五、除非是在市場上交易，或是為了達成政治目標而妥協，且你也不在意雙方關係是交易性的，否則最好避免完全基於某種誘因而建立的交易關係。

六、思考該以什麼進行交換時要有創意。有時候，你只需要投入時間、專注力、友誼或欣賞，或在對方說話時專心傾聽就夠了。切記，很多人際和共事關係間的交換是無形的。

七、要有投桃報李的意願。你必須履行承諾，當對方需要你時，你必須提供協助。

八、在明顯的交換中，要講明交換的東西是什麼以及為什麼。交換愈是透明，雙方對結果及交換的理由就愈有信心。

九、盡量做得比對方預期的還要多，善待對方，他會銘記在心，進而回報。

十、任何交換都必須經得起外人的檢視，尤其是政治圈及管理高層的利益交換，因為有些協商在曝光以後可能會很難堪。千萬別答應那些你不希望在報紙頭版或 YouTube 上曝光的交換。

直述

在喜劇《窈窕奶爸》（*Mrs. Doubtfire*）中，羅賓・威廉斯（Robin Williams）扮演失業的演員丹尼爾・希勒。在經歷了痛苦的離婚之後，失去了三個孩子的監護權，一週只能和孩子見一次面，這令他心煩意亂。當他得知前妻想雇用管家時，便喬裝成蘇格蘭老太太應徵那份工作。他化妝，戴上假髮，穿上老套俗氣的衣服，跑到前妻家按門鈴。前妻應門時，他自稱是道菲爾太太。這個詭計奏效，他被錄用了。他的喬裝和蘇格蘭口音幫他說服前妻，他是個上了年紀的老管家，但他也自信地聲稱自己**就是**道菲爾太太。雖然這是虛構的電影，但是在現實生活中，光是聲稱你希望對方相信或接受的事情，就能夠奏效，這種情況意外地很常見。

想要影響他人，最簡單、直接的方式就是直述或主張自己的觀點或立場。事實上，你是根據自己的權威和自信提出主張，這種影響方法和請教諮詢正好相反（我會在第六章探討請教諮詢）。直述是**告訴**對方，請教諮詢是**詢問**對方。以下是直述的例子：

- 一艘船遇難，船長告訴船員：「我們應該……」（船員接到指揮官強而有力的直接敘述，他很堅定，沒人提出異議。老闆的命令和指示有時候也是採用直述的形式）
- 管理者對下屬說：「馬克，我需要你幫我做這件事。」（「我需要你」讓這句話稍微溫和了一點，但這句話依舊是為了讓馬克順服的直述法）
- 青少年對母親說：「我不在乎妳想要什麼，反正我就是不做。」（這是以身為人類的權威所提出的主張，對方可以選擇是否接受這句話——亦即是否受到影響。青少年通常以直述法表現叛逆）
- 約翰．賈德勒（John Gardner）在探討領導力的著作中提到：「領導人獲得信任的一大先決條件是穩定性。可靠不僅是大家所企盼的正派特質，在實務上通常也是必要的。[5]」（賈德勒希望讀者接受其主張，但是他除了大膽斷言以外，並未提供任何證據。他的可信度來自於智慧、經驗和聲譽，不過他這裡使用的影響方法是直述法）

- 一位積極尋求升遷的專業人士對老闆說：「我覺得我是那個職位的合適人選。」（我們在表達信念時，通常會使用直述法）
- 在合夥事業中，一位合夥人對另一位合夥人說：「這件事沒有你成不了。」（聽到這種說法的人不見得相信——亦即不見得會受到影響——但那正是合作夥伴的意圖）

我們每天聽人以直述法主張其想法、信念、觀點數百次，甚至上千次。如果我們接納他們的主張，他們就成功影響我們了。

直述之所以有效，有多種原因。首先，除非我們覺得某人有說謊的習性，或是講話誇大不實，愛加油添醋，否則我們通常會相信別人告訴我們的事。相反的，荒誕不經的說法之所以可笑，是因為我們知道那些都不是真的（「相信我，我捕到一尾**這麼大**的魚！」），但是幽默還是有個限度。大多時候，有人對我們聲稱她是道菲爾太太時，我們通常就會相信她（除非對方是脫口秀喜劇演員）。再者，質疑某人的直述顯然是在自找麻煩，多數人會避免跟人起衝突。所以，

想要影響他人，最簡單、直接的方式就是直述或主張自己的觀點或立場。事實上，你是根據自己的權威和自信提出主張。

除非直述的內容帶有挑釁意味、爭議、令人不安或太古怪，或是聆聽者自有主張，需要爭論事理，否則多數人大多會接納別人的合理主張。當然，有些人覺得他需要質疑別人講的任何東西，他們通常會提出個人主張來質疑別人。不過，大多時候，有人提出主張，我們會當成事實直接接受，或相信那個說法準確地陳述其觀點。

如果影響者說話大膽、肯定、自信，別人比較會受到他直述的影響。光是自信就有很大的說服力，我在研究中發現，有權威感的人，其影響力是沒有權威感的兩倍；講話語氣令人信服的人，影響力也比輕聲細語者多出兩倍以上；講話篤定的人，影響力比不篤定的人多三倍以上；展現自信的人，影響力比缺乏自信的人多四倍以上。證據明顯證實：只要你的主張有道理，又不冒犯或危及他人的利益，當你以篤定、自信的口吻陳述觀點時，更容易說服他人相信你的話。

直述有什麼缺點？

直述是影響他人的方便方法，可以迅速讓人順服，尤其當直述者是大家所公認的專家或具有某種權威的時候。不過，如果這個人只會用這種影響方式，很快就會讓人覺得自負、傲慢、自大、言過其實或自以為是。直述是全球各地常用的影響方式，但是過度使用時，會給人威嚇或威脅感，反而會讓人產生反感或反抗。

在有些情境中，太多的直述會讓人覺得影響者不合作、不願聆聽他人的觀點。在科學探究、團隊合作、腦力激盪、開放對話時，直述有其效用，但影響者應該搭配請教諮詢（提問以吸引他人參與）、講理（提出合理的論點和證據）、閒聊交際（尋找共同點）、以及其他有吸引力的影響方法。直述就是告知，當告知太多又太久時，容易讓人反感（除非情況有必要或對方有預期，我們會在下個單元探討）。

直述的實例：傳奇教練文斯．隆巴迪

范伯格處理九一一受害者及受難家屬的賠償金時，使用直述法就沒有用。對悲傷的家屬直述其想法，尤其是他們不認同的想法，反而會造成嚴重的反效果。就連范伯格那樣能言善道的人，也因此學到了一些教訓。他曾經對一位受難家屬說：「我知道你的感受。」對方當場回他：「你根本不了解我的感受。」（范伯格和那位家屬都想以直述法影響對方，在這個例子中，范伯格記取了重要的教訓，從此再也不講那樣的話了。所以就影響效果來說，那位家屬是成功的）

不過，在某些情況下，我們不僅接受直述，也預期聽到直述。例如，在球隊中，我們預期聽到教練直截了當地訓練球員：「布拉道克！眼睛看球！」駕訓班的教練也有同樣的自由：「換車道以前，一定要先確定後方沒有來車，然後打方向燈。」我們也預期聽到多種顧問的直接建言：「在冒昧打電話以前，先對那家公司做一番研究，了解他們的業務狀況，針對他們的需要或目標調整你的推銷辭令，而且一定要強調我們的產品可以提供什麼幫助。」

美國有史以來最知名的教練之一，是美式足球聯賽綠灣包裝隊的傳奇教練文斯．隆巴迪（Vince Lombardi）。隆巴迪是訓練嚴格的強勢教練，對於未充分逼迫自己發揮潛力的球員非常

傳奇美式足球教練隆巴迪常以大膽直述意見的方式影響他人。

嚴苛，但他也會教導與鼓勵球員，並領導綠灣包裝隊以懸殊的差距，贏得最初兩次的超級杯。

大學畢業後，隆巴迪做了幾個助理教練及總教練的職位，最出名的是在美國西點軍校，他是傳奇總教練瑞德．布萊克（Red Blaik）下面的進攻線教練。一九五四年，他成為紐約巨人隊教練組的一員，一九五九年接掌前一年只贏過兩場的綠灣包裝隊。在一年內，他要求球員身心都要強悍，並且全心全意投入球隊，他領導他們一路打進冠軍賽，之後的發展人盡皆知。隆巴迪之所以成為著名的教練，不只因為他的教練技巧過人，也因為他有著不凡的領導理念。例如，他說獲勝是一種習慣，可惜失敗也是一種習慣。說到失敗，他說被擊倒並不丟臉，無法再站起來才丟臉。當隆巴迪這樣的名人以簡單的敘述表達信念時，大家可能會接受或不接受，但以其地位和言論的智慧，多數人都比較可能認同他的說法，有些人覺得他的言論令人振奮、鼓舞人心。

研究顯示，常用直述法的人使用這種方法的頻率，會比其他方法高出許多。對他們來說，他們預設的影響方式不是全球多數人常用的講理法，他們覺得影響他人不是去說服，而是主張自己的意念。這種策略的缺點是直述不見得有效，但是常用這種方法的人，即使發現這個方法無效，還是會一直使用。就像俗話所說的，當你手邊只有榔頭時，會把所有的問題都當成釘子來處理。

研究也顯示，最常用直述法的人通常不太使用交換、結盟、動之以理、閒聊交際法。總之，他們不太使用社交型的影響方式，不想跟人交涉。此外，他們最擅長的技巧是展現自信和堅持立場，最不擅長敏銳關注他人、化解矛盾、注意他人重視什麼、建立共識、培養密切的關係，以及聆聽，這些都是莽撞者的寫照。最不常使用直述法的人通常有相反的特質，擅長社交與人際互動技巧，講話也比較不武斷。

和直述最密切相關的權力來源是個性（大家比較可能接受品德高尚者的主張）、交情（大家比較可能接受熟人的主張）、表達力、聲譽、知識、人脈、魅力。總之，比較知名又受到信任的人，使用直述法比較有效。有趣的是，和直述法最無關的權力來源是角色和資源。身為老闆不見得用直述法就比較有效。最後，研究顯示，我們使用直述法的頻率其實比自己意識到的還多。根據SIE三百六十度評估的自我評定，48%的受訪者表示自己常用或很常用直述法，但是訪問別人對他們的看法時，有65%的人說他們很常用直述法（參見附錄B的SIE詳情）。多數人覺得自己給人的武斷感沒有別人感受到的那麼多。

研究顯示，如果你以篤定或自信的方式主張觀點，更有可能說服他人相信你的話。

運用直述的好時機

就像以法為據和交換，直述法也是理性的影響方式，比較可能讓人順服，而非投入。以下的情境適合使用直述法。

- 你有權篤定地直述，又需要迅速讓人順服時。
- 當你發揮領導力或管理，需要直接表達時。
- 當你不想引起辯論或討論，或沒有時間討論時。
- 你對想要或相信的東西有強烈的感受時。
- 當對方期待你直截了當時。
- 別人問你的意見或觀點，並期待你你直言時。
- 你加入團隊或專案，需要塑造自己的立場與權威時（注意別做得太過火）。
- 有人主宰討論或過度武斷，你需要確保他不是唯一強硬的發言時。
- 當你和團隊開會，你知道正確答案、想表達重要的意見，或是需要勇敢發言以避免團隊偏離正軌時。

如何有效運用直述

一、展現自信。對有些人來說，這點說的比做的容易，但是清楚知道自己想要或相信什麼並清楚陳述是無可取代的。

二、避免咄咄逼人、大聲嚷嚷或專橫霸道。直述不是耍流氓，斬釘截鐵也不是咄咄逼人；你不是要逼人就範，而是以清楚自信的方式，陳述你的見解。

三、不要展現得不確定或疑慮，或是為自己的觀點找藉口，這樣有損於自己的立場。女性通常比較會有這種現象，所以較難影響他人。在我們的研究中，女性比較常收到的建議是：應該要更有邏輯、多用權威、多做一點以證明妳觀點的價值。男性比較常收到的建議是：應該更敏銳注意他人、多徵詢他人的看法。

四、使用有說服力的語氣，這點也是說的比做的容易。有些人先天說話比較低沉、有力、宏亮，享有先天的優勢。不過，有說服力的語氣來自於態度和自信，如果你有清晰的觀點，而對此又深信不疑，，你的聲音可能就會展現出信念。

五、使用篤定的非語言方式來強調你的重點，例如保持目光接觸，肩膀挺直（別無精打采地垂著肩），稍微靠向對方，使用大方的手勢，講到重點時提高音量。基本上就是展現活力和熱情，不過，恰當的作法因文化而異。在某個文化中的強調方式，可能在別的文化中又太誇張了。了解文化差異，使用可以幫你獲得尊重的肢體語言。

六、如果你遇到太多的阻力，無法以直述法影響對方，就改用其他的影響方式。在商業與專業領域中，講理和請教諮詢通常是最好的替代方法。

觀念精粹

一、四種理性的影響方法分別是講理、以法爲據、交換、直述。

二、交換是以明顯或含蓄的交涉或妥協來影響他人。驅動交換的心理原則是互惠，亦即我們覺得有義務回報對方的人情債、幫助、贈與、邀請和善意。

三、想在相互衝突的利益之間取得協議，交換幾乎是唯一可行的影響方式。

四、想要影響他人，最簡單也最直接的方式，就是直述或主張自己的觀點或立場。事實上，你是根據自己的權威和自信提出主張。

五、研究顯示，如果你以篤定或自信的方式主張觀點，就有可能說服他人相信你所說的話。

延伸思考

一、四種理性的影響方式中（講理、以法爲據、交換、直述），你最常使用哪一種？爲什麼？

二、這四種影響方式中，你最擅長哪一種，最不擅長哪一種？爲什麼？

三、在你的組織或國家的文化中，使用哪種方式最恰當？你最常看到別人使用哪種方法？最不常看到哪種方法？爲什麼？

四、回想你所知道最有影響力的人，他們最常使用哪種影響方法？什麼原因讓他們那麼有影響力？

五、你習慣使用交換的方式嗎？如果不習慣交換，怎麼做可以讓你更習慣？讓你喜歡並成功交換的關鍵是什麼？

六、想想你認識的人之中，誰很擅長交換？他們是怎麼做的？爲什麼他們會那麼擅長交換？

七、思考未來你需要影響他人的重要場合。假設你需要使用交換的方式，你可以提供什麼，以換取對方的認同或合作？思考你們之間的對話，你會怎麼說？怎樣才能成功？

八、直述是直接主張你的立場或需要，你習慣主張自己的看法嗎？你多有自信？

九、你認識太過自負、太常用直述法的人嗎？他們用直述的方式大多能成功嗎？還是讓人產生反感？他們對別人產生什麼效果？

十、想像和第七題一樣的情境，這次你必須使用直述法，思考你們互動的方式，那會是什麼情況？如果對方不同意、跟你爭辯或不接受你的主張，你會怎麼做？你如何因應這種情況？

第五章　尋求共通點

閒聊交際和動之以情

談到影響力，很難不提到卡內基的著作《人性的弱點》（*How to Win Friends and Influence People*），這本書於一九三六年首次出版，至今依舊長銷不墜。在書中，卡內基提到待人處事、領導他人、討人喜歡、說服他人的三十個原則，其中包括「誠摯的讚賞」、「專心傾聽」、「為人保留顏面」、「讓人覺得自己很重要」[1]。雖然發揮影響力不只是展現友好及讓人覺得重要而已，但無庸置疑的，卡內基的建議，其實就是運用良好的人際互動技巧，而他的原則反映了社交型影響方式的最佳實務。

人類是社群動物，時常需要正面回應喜歡我們及我們喜歡的對象。人際關係很重要，所以別人對我們的看法和觀感會影響我們，尤其是那些和我們最親近的人。社會及我們所屬團體內的社交規範也會影響我們。在成長過程中學到的準則和價值觀、生活的社群、生存的年代，塑造出我們的想法、感覺和行為。別人的行為也會影響我們，那是一種根深柢固的衝動。在托兒所裡，常有一個嬰兒哭了，其他的嬰兒往往也會跟著哭起來（可見同理心是先天的）。孩子從小就學會跟著其他小孩一起行動，以免遭到排擠。即便是成人，我們也會從一起生活與共事的人所展現的態度、價值觀、信念、行為中，尋求社會肯定。這並不表示我們盲從別人的一切，然而，社會薰陶對我們確實有深遠的影響。不管我們怎麼看待自己，都很需要認同的對象接納我們，所以生活中有些最強大的影響力，是來自生活及職場上的人際關係。

社交型的影響方式有四種：閒聊交際、動之以情（本章中會探討）、請教諮詢和結盟（將於第六章中探討）。這些影響方法基本上就是尋求人與人之間的共通點，我的意思是說，影響他人的方式之一，是運用同類相吸的心理原則。我們想和人建立關係，拉近彼此的距離，尋找你我之間的相似處；或是試圖讓人更喜歡我們一點，克服冷漠，創造感同身受的效果。

如果我們已經認識想要影響的對象，可能會訴諸既有的交情，並動之以情（附錄A會解釋交情的力量及其他的權力來源）。這樣做比較不是在尋求共通點，而是運用已經存在的共通點。動之以情可能只是請同事協助你的某個專案，請家人幫忙，請朋友捐款贊助某個公益理念，或是向長期的事業伙伴群建議一個投資提案。在這些例子中，對方都比較可能會答應，因為他們和影響人之間已經有交情。當然，對方還是可能基於多種原因而拒絕，但是一開始答應的機率比較高，因為他們認識影響者，想必也比較喜歡與信任他。這就是馬多夫設下超大型龐氏騙局的方式，他專找跟他關係密切的人下手（我們第十章會深入探討他的案子）。

閒聊交際的目的是希望拉近彼此關係，多了解對方，和他分享經驗，久而久之培養出相互理解和同理心，其間並沒有暗藏的動機。卡內基建議讀者對他人真心感到興趣、記住別人的名字、友善待人，他的建議其實就是我所定義的「閒聊交際」。這是全球各地最常用的影響方式之一，在有些文化中（例如日本、中國、澳洲、紐西蘭），這是個特別重要的影響技巧，你甚至必須懂得如何有效交際，才能在這些文化中發揮影響力。

閒聊交際和動之以情是重要的影響方式，閒聊交際是全球第二常用的影響方法（僅次於說理），動之以情也是名列前五名。就效力來說，根據我的研究顯示，閒聊交際和動之以情在全球整體效力上分居第二與第三位，這些社交影響方式無疑是世界各地最常用、也最有效的影響方法。如果你想有效地影響他人，你需要了解這些方法，懂得如何適切地運用。

閒聊交際

動之以情可以運用在你已經認識對方的狀況下。但是如果你剛和對方見面呢？如果你和他沒有交情，該如何影響對方？答案就是使用**閒聊交際法**，這包括和他人拉關係，抱持開放、友善、真誠的態度，透過交談和共同的經驗尋找相似點，透過人際互動培養關係與信任。在我們的研究中，閒聊交際是世界各地最有效的影響方式之一（略遜於講理，比動之以情有效一些）。在我研究的四十五國中，講理是最常用的影響方法，紐西蘭除外。在紐西蘭，閒聊交際才是最常用的方法，紐西蘭人非常喜歡社交往來。

一些談權力與影響力的作者，把這種影響方式稱為逢迎討好。例如蓋瑞．優克（Gary Yukl）在他談領導力的經典著作中提到：「逢迎討好是為了讓對方（被影響者）對你（影響者）產生好感，例如恭維、主動幫忙、畢恭畢敬、特別友善。[2]」但是**逢迎討好**帶有負面的含義，有些作家認為那主要是阿諛諂媚，他們說這種方法只有在對方認定真誠時才有效。不過，羅納．德盧加（Ronald Deluga）在《商業論壇》（*Business Forum*）中寫道：「在組織裡，逢迎討好的定義是：下屬為了讓管理者更看重自己而衍生的不當企圖。[3]」逢迎討好通常是用來形容這類操弄，例如拍馬屁、巴結、攀附、狗腿、唯唯諾諾。我們都認識這樣的人，不管這種行為怎麼稱呼，顯然都是想要操弄他人的諂媚舉動（第十章會深入探討影響他人的操弄意圖）。基於這個原因，我覺得以閒聊交際來形容這種影響方式最為貼切。

閒聊交際是運用同類相吸的心理原則，我們比較可能答應認識的人的請求，所以閒聊交際是去認識你想影響的對象，更重要的是，讓對方認識你。閒聊交際的目的，是為了找出你們之間的共通點，例如在同一間公司上班，住同一社區或類似的社群，同鄉或來自類似的地方，有相同的嗜好或價值觀，同社團或團體，喜歡同一本書或電影，觀點相同等等。事實上，相似點幾乎可以指任何東西，當然，當我們想認識別人時，也會發現重要的差異（例如自由派 vs. 保守派），彼此之間的差異可能比相似點還多。不過，當我們閒聊交際時，就是想發掘彼此的相似之處。

我們也想藉此增加對方的好感。當我們認識別人時，通常會認識到一些我們真的很喜歡的人，而對方也喜歡我們。我們不僅和對方有相似處，也喜歡跟他們在一起，重視雙方的友誼。隨著關係日益深厚，我們對彼此也更能感同身受，更加了解彼此。我們在意對方發生了什麼事，更努力維繫或深化關係。當我們和對方分享夠多的經驗時，雙方的交情愈來愈深，以後就可以用動之以情的方式影響對方。即使在還沒有達到這個程度，我們也可以透過閒聊交際的方式，逐漸增加影響力。以下是和閒聊交際相關的行為：

- 態度友善，平易近人。
- 親切地自我介紹。
- 在會議前先花點時間認識對方，而不是急著切入正題。
- 仔細聆聽，對於對方的目標至少抱持跟自身目標一樣多的興趣，表現得積極而主動。
- 尊重，有禮，客氣。
- 對對方真誠地展現興趣，詢問有關對方的問題，記住他的生活與興趣的相關資訊。
- 適切地透露自己的相關資訊。
- 尊重人際界線（這通常因文化而異）。
- 別見外，邀請他人加入你的活動。
- 真誠地欣賞對方，不帶隱藏動機的給予讚美。
- 主動幫忙，在你沒義務幫忙時也主動伸出援手。

閒聊交際包括和他人拉關係，抱持開放、友善、真誠的態度，透過交談和共同的經驗尋找相似點，以及透過人際互動培養關係與信任。

- 展現同理心，必要時多點體諒和同情。
- 讓人覺得你值得信賴，展現高度的誠信。

顯然，這些都是人際往來的技巧，閒聊交際就是做這些事。具有高度吸引力的人通常很擅長這些技巧，很多外向的人也是如此。卡內基針對交友與影響他人所提出的建議裡，就包含許多這類技巧，高EQ的人通常都有這些特質。閒聊交際之所以有效，是因為我們比較可能答應認識與喜歡的人。不過閒聊交際時必須真誠，許多心理變態的人也很善於閒聊交際，這並不是因為他們關心別人，而是因為他們相當精明，懂得模仿別人以博取好感。幸好，多數人都善於察覺這類偽裝，能夠偵測出某人是否別有意圖，故意裝好人以獲得他想要的東西。這種偽裝往往令人反感，毫無吸引力。只有在真誠、巧妙地閒聊交際之時，才能有效培養相似度與好感，在對方的心中塑造出比較有利的形象。

閒聊交際的重點

研究顯示，經常使用閒聊交際法的人，也常用請教諮詢及動之以情的方式，這三種影響方式的共通點都是吸引對方參與。擅長吸引他人參與的人似乎都很會使用這三種方式，可以隨著情境自然地切換使用。他們比較不常用直述或以法為據（訴諸權威）之類的強勢方法。可以這麼說，他們比較善於運用柔性的方法，只有在必要時，才會訴諸比較強勢的方法。

閒聊交際最需要好感度。比較不善於閒聊交際的人，個性上的評價也比較差，這可能是因為他們的交際意圖讓人覺得是逢迎拍馬。無論原因是什麼，這些研究結果證實，有效的閒聊交際給予讚美必須（**看起來**）是真誠的，而不是為了一己之私。

所以，和閒聊交際最密切相關的技巧是人際互動：輕鬆交談，培養關係與信賴，對他人展現真誠的興趣，聆聽，敏銳關注他人的感覺與需求，對陌生人友善，培養密切的關係。不過，還有兩種關鍵技巧，也屬於閒聊交際需要的十大技巧：傳達活力和熱情，展現自信。擅長閒聊交際的人比較外向熱情，樂觀自信。這些特質也增加了他們的吸引力，讓對方更容易接納他們。

閒聊交際有什麼缺點

閒聊交際是世界各地最常用也最有效的影響方式之一，不過它也有一些缺點。第一，雖然不見得人人都是如此，但和陌生人培養好感通常需要時間。幾年前，我的班機取消後，我在機場排隊，等著和地勤人員對話。排在我前面的人對於班機取消這件事非常生氣，對著地勤人員發飆。地勤人員一再檢查系統，說最快只能幫他補上隔天早上的班機，那個人氣沖沖地走了，還揚言要讓地勤人員丟飯碗。輪到我時，我說：「今天似乎過得不太順。」她點著頭說：「有些人喜歡把氣出在我們身上。」我說：「我知道，辛苦了。」接著我把機票遞給她，並告訴她，不論幫我補上任何時段，我都很感激，結果我補上了下一班飛機。

有時候，光是同情對方的處境，展現善意，不要刁難，就足以影響對方，讓他給你比較好的待遇，這也是一種交際。不過，一般來說，如果你沒時間培養關係，閒聊交際並不是最好的方法（你可以考慮改用以法為據或直述的方式）。雖然和陌生人培養關係通常需要時間，閒聊交際向來是有效的影響「觸媒」。當你敞開心胸，友好外向，吸引他人參與時，不管你使用什麼影響方法，都可能更有效果。

閒聊交際的另一個缺點是效果不見得都能預測。你可能跟對方閒聊得很愉快，但還是無法讓對方產生足夠的好感，讓他達成你想要的目標。對方不管對你多有好感，可能都沒有意願答應你，或是基於其他的原因而不願答應你。很多業務員都學到和顧客閒聊交際這一招，這種聊天方式可讓人對業務員及其產品產生好感，但不見得有效。業務員請顧客吃飯或看球賽，經驗老到的顧客也知道那是怎麼回事，他們知道不能讓那些交際影響商品採購或服務時的專業判斷。這表示你就不該和顧客閒聊交際嗎？不，這只是表示閒聊交際通常是影響顧客與成交的必要條件，而非充分條件。有趣的是，由於閒聊交際的影響力如此強大，有些公司還禁止採購人員和業務人員交際或接受賣家的禮物。

有些人先天不善交際，所以當他們試圖交際時，可能感覺既不自然又尷尬。解決方法就是培養社交技巧，因為想要拉近距離和培養關係別無他法。此外，前面也提過，如果你閒聊交際時不夠真誠，或是對方**覺得**你不夠真誠，這個方法可能會適得其反，引起對方的懷疑或反感，這會讓你更沒有影響力。

閒聊交際的好時機

閒聊交際是強大的影響方式，因為當你拉近彼此的距離，建立共通點，培養同理心時，你也同時增進了其他影響方式的效力。這是個隨時都適用的方法，即使是在敵對的情況下（例如勞資談判、交戰國之間的和平談判）。培養人際關係可以軟化對方的立場和敵意，比較容易找到折衷之道，達成協議。閒聊交際特別適合用在以下的情境：

- 你剛認識對方或未來需要影響的人。
- 你剛加入某個團體，和對方尚未培養起關係。
- 你處於不熟悉的情境，不了解其他人之間的關係，不確定政治角力的情況，也不懂互動的規則。
- 你缺乏角色權威，需要影響同儕或高層時。
- 對方比較樂於閒聊交際，先主動對你展現親和力，對此你也應該禮尚往來。
- 對方以某種方式邀你閒聊交際。想像一下，你去拜訪新客戶，對方的辦公室裡擺了幾張家人和度假的照片。在辦公室裡擺放私人物件的人，其實就是邀請在別人跟他閒聊交際。
- 你有時間先閒談一番才切入正題的時候。

閒聊交際的方法

一、預留閒聊交際的時間，才不會讓人覺得不自然或時間很趕。注意對方認定多少閒聊交際的時間是恰當的，在會議中，一般人覺得「聊夠了」的時候，通常會暗示他們想切入正題了。

二、真誠地展現你有興趣認識對方，並和他培養關係。如果你自覺不真誠，就不要做。

三、如果你不認識對方，可以先自我介紹、寒暄個幾句，隨口問一些沒威脅性的社交問題，例如「你好嗎？」如果你是出差，可以問：「這附近有什麼不錯的餐廳嗎？」或「你在這裡服務幾年了？」多數人都很樂於談論自己，所以另一種打開話匣子的方式是問對方：「你是哪裡人？」或「你是哪裡畢業的？」如果你看到那個人的桌上放了小孩的照片，那就是明顯的徵兆，你可以問他：「你有小孩嗎？」或「孩子幾歲了？」之類的。如果對方感覺起來很開放也很投入，你可以考慮問些更深入的問題（運用第六章討論的請教諮詢法）。

四、你願意揭露自我的程度，要和對方揭露的程度差不多。

五、專注聆聽。

六、仔細聆聽你和對方的相似處並提出評論（「我也喜歡那部電影，尤其是……那一幕。」）

七、微笑，展現善意，這些簡單的小動作很有幫助。

八、把注意力多放在對方而不是自己的身上。對方問到關於你的問題，你回答後，就問他類似的問題。別讓對話都繞著你打轉。

九、盡量展現親和力，當然，這不表示你需要認同你所聽到的一切。閒聊交際的關鍵在於真誠，你不見得能和每個人拉近關係，尤其是行為、信念或價值觀與你對立的人。

關鍵在於找到拉近彼此距離的相似之處。去年，我幫孫子買了一些模型火車和配件，讓他們來我家時可以玩樂。最近我到其他城市出差時搭計程車，司機提到他的嗜好是蒐集模型火車。當我提到我的玩具火車時，他的臉馬上亮了起來，我們開心地聊了一下彼此的興趣。他遞給我一張名片，說是那個城市裡最好的模型火車專賣店，還說如果我下次再到那裡出差，可以打個電話給他，我們可以一起去那家店裡聊聊模型火車。我可能永遠不需要請他幫忙，但萬一我需要的時候，他會因為這次的萍水相逢而比較願意幫忙。一般來說，跟愈多人建立關係愈好，所以有機會認識別人時，盡量以閒聊交際的方式培養好感，你永遠不知道何時需要請對方幫個忙或造訪對方。

動之以情

在詹姆斯・泰勒（James Taylor）的經典歌曲〈You've Got a Friend〉中，他寫道：當你失意，需要人疼惜，只要呼喚他名，他就趕來看你。那就是人情的實例，是你和他人的既有關係所展現的力量。我們可能覺得彼此之間有深厚的關係（例如家人、家族或部落成員），有許多正面的共同體驗（例如朋友、同學、親近的同事），彼此都很喜歡對方（例如好友、情侶、配偶、親密的家人）。當你馬上需要協助，需要別人放下手邊的事情來幫你時，最好是找和你關係密切的人。不管這個人是你的誰，他幾乎都會為你付出，所以動之以情是世界各地最常使用、也最有效的影響方式之一。

動之以情就像閒聊交際一樣，是以好感和同類相吸的原理為基礎，但也牽涉到互惠的心理原則。當你幫朋友或同事忙或是讓他們影響你時，你會合理地預期將來他也會回報、接受你的影響。彼此的互重、互信和合作，來自於雙方合理的讓步與妥協。少了互惠，這段關係終究會消逝，所以動之以情有利有弊。動之以情可能是刻意的請求，例如你主動尋求同事或朋友的幫忙，如同下面的例子。

- 「麥克，週四可以請你跟我換班嗎？我剛好要去看牙醫，約好的時間不太好更換。」（假設麥克和你的交情不錯，他又剛好有空，他很可能會答應換班。工作上的關係常需要互相幫忙，禮尚往來。像這樣的人情是讓合作更加順利的潤滑劑）
- 「查理，我想請你幫個大忙。」（這是直接動之以情，只要你不是要求查理去做讓他不安的事，而且查理又有餘裕幫忙，通常好朋友都會答應）
- 「邦妮，我遇到麻煩了，不知道該找誰幫忙。」（這種情感訴求是以親近關係為基礎，邦妮要是無法幫忙，她可能會覺得很內疚。由於情感關係比較密切，像這樣的訴求比較少見，太常使用可能會破壞關係。極度欠缺安全感的人可能會把友情當成依靠，變成朋友的負擔，最

終可能破壞友誼。不過，利用友誼是一種很強的誘惑，因為當你和對方關係良好時，動之以情是最有可能成功的影響方式）

- 「我愛你。」（夫妻中的一方對另一方這麼說，或是家長對孩子這麼說時，可加強情感關係。當雙方關係良好時，對方也會回應同樣的感覺）

不過，大多時候，動之以情是潛意識的，不是直接提出要求，而是暗示、提問或表達看法。我們可能透過一般的社交與專業互動來影響親近的同事、朋友、伙伴或家人。例如：

- 「這個週末你想去看電影嗎？」（如果你有時間，又喜歡對方的陪伴，你可能會答應他。親密關係的樂趣之一，就是兩人的相處時光）
- 「你覺得新發布的休假規定如何？」（關係不錯的人常會在閒聊時，詢問或分享看法，以確認自己的想法。因為好友和親近的同事通常有相似的想法與行為，這種想法交流是影響對方或是讓對方影響自己的常見方法）
- 「今晚我不太想出去。」（當你最親近的人提出建議時，或許這是你回應他的方式。在恩愛的夫妻關係中，夫妻之間會不斷地相互影響。我試著分析過我太太和我每天如何影響彼此，但是那實在很難完整記錄下來，不過我們之間來來往往的影響很明顯。下次你和另一半對話時，可以試著記下每一刻是誰在影響誰）

我們知道動之以情是如何運作的，因為多數人都有朋友、同事或其他關係深厚的人（你願意為他赴湯蹈火，他也願意為你同樣付出）。關係密切的人對彼此可能極其忠誠。事實上，對方非常可能答應受到影響，有時甚至會把常識和判斷力完全拋諸腦後。凱文・福斯特（Kevin Foster）和他的青少年黨羽就是如此，他們以「混世魔王」（Lords of Chaos）自稱。福斯特是個充滿魅力的年輕人，知道如何濫用友情的力量來滿足個人的變態需求。一九九六年在佛羅里達州的邁爾斯堡（Fort Myers），這群少年肆無忌憚地犯下連串的罪行，先是蓄意破壞，最後縱火、持械搶劫車、謀殺一名高中老師。德瑞克・席爾茲（Derek Shields）是其中一名少年，成績優異，是高中樂隊的成員。其他少年前景可能不像席爾茲那麼光明，但也不是流氓惡少。不過，他們在校遭到同學的排擠，明知自己的作為是錯的，卻沒有勇氣反抗福斯特（他以神自居），於是事件發展一發不可收拾。如今，這些少年都被判終身監禁，福斯特則是判處死刑。

由於人類需要接納感和歸屬感，我們很容易受到認識者的強大影響，尤其是親近的人（他們也很容易受到我們的影響）。那股力量是來自於我們相互的吸引、信任和好感，就像強大的物理力量，但可及的範圍有限。動之以情是最強大的影響形式，但只限用於和我們關係最深厚的人。

動之以情的重點

動之以情是全球使用頻率第五高的影響方式（排在講理、閒聊交際、直述、請教諮詢之後），比講理和閒聊交際的頻率少很多，但是比以法為據、訴諸價值、為人表率、結盟、交換常用很多。最善於動之以情的人反而不是很常用這個方式，因為就像前面說過的，這種方式只限用於關係親近的人。他們比較常用的方式是請教諮詢、為人表率、閒聊交際、訴諸價值，由此可見善於培養親近關係的人，比較喜歡社交型與鼓舞人心的影響方法，只有在必要時才使用理性的方法。

一如預期，和動之以情最密切相關的權力來源是個性、魅力、人情和聲譽。動之以情是展現人情，所以此一權力來源應該很強勁。其他的權力來源之所以密切相關，是因為好感度與同類相吸的效應。關係密切的人比較可能相信對方是真誠正派、有魅力或討喜的，在社群中備受敬重的。這無疑也是一種自我肯定的投射，相信自己也有同樣的屬性。

和動之以情最密切相關的技巧包括：對他人展現真誠的興趣，幫助他人的意願，培養親近關係，敏銳關注他人的感覺和需要，支持與鼓勵他人，培養關係與信任，善待陌生人。這些技巧中特別值得注意的是幫助他人的意願。動之以情是唯一和「幫助他人的意願」密切相關的影響方式，由此可見，想要有效地動之以情，你必須展現出幫助他人的意願。

動之以情有什麼缺點

前面提過，這種影響方式只適用於私下交情及專業上關係親近的人。對方對於彼此關係內哪些影響是可接受的，也有一定的預期。例如，你通常不會請朋友或親近的同事幫你還債，以高於實際價值的價格買下你的舊車，或是做他們覺得被占便宜的事。大家對於人際關係中，什麼是可接受的、什麼是不可接受的，心中都有一把尺。如果你侵犯那條界線，或看似想要侵犯那條界線，可能就會失去對他們的影響力。雖然當你和對方有足夠的交情時，動之以情是個強而有力的影響方法，但是它在運用上還是有一些重要的限制。

何時適合使用動之以情

以下的情況較適合動之以情：

- 對方是朋友、親近的同事、親密的家人，或跟你交情不錯的人。
- 你和對方感覺很投緣，即使你們認識沒那麼久。如果對方喜歡你，或覺得跟你在某方面很有默契，動之以情就可能有效。
- 你要求的東西在可接受的範圍內，對方不會覺得被占便宜。
- 當你希望對方投入你的想法或幫你，如果你們的關係有扎實的互信、忠誠和好感的基礎，動之以情可促使對方投入，而不只是順從。
- 對方欠你一份人情。
- 你不會因為互惠的義務而妥協時。

動之以情的方法

一、確定你的要求是在可接受的範圍內，別仗著關係而占人便宜。

二、自己要主動，如果你在不求回報下主動幫助最親近的人（換句話說，不是利益交換），當你需要幫忙時，他們也會主動回報。不過，小心別讓對方覺得你的要求太功利。在最好的人際關係中，人與人之間是真誠地相互幫忙，而非斤斤計較人情。

三、如果別人好意幫你，你要表示感謝，盡量回報。「謝卡」的緣起是因為大家發現感恩和善意有助於維繫雙方的互信、關懷和合作。

四、多為對方著想。科特指出：「卓越的管理者知道，多數人覺得友誼附帶著一定的義務（所謂「患難見真情」），所以他們常和需要依賴的對象培養真誠的友誼。[4]」

動之以情是很強大的影響方式，所以你應該和人培養密切的關係，尤其是你未來需要其核准、支持、合作或協助的人。例如，如果你是油漆工，你應該和包商、建商，還有以前的客人培養出良好的關係。那些關係及優異的工作品質，是讓你生意源源不絕的關鍵。如果你是雕塑家，則應該和藝廊經營者、藝術品買家、藝術評論家培養良好的關係。如果你是企業的人事管理者，應該和你服務的部門主管及其他的人事管理者培養良好的關係。

我對權力和影響力的研究發現，善於培養親近關係的人也比較善於影響他人，他們用任何影響方法幾乎都比其他人有效兩三倍，在ＳＩＥ衡量的二十八種技巧中得分也較高。培養親近關係的能力，無疑是決定影響力的關鍵因素。

觀念精粹

一、兩種重要的社交型影響方法是：閒聊交際、動之以情。

二、閒聊交際是和他人拉近關係的影響方式，包括展現開放的心態、友善、眞誠；從閒聊與共同的經驗中尋找彼此的相似處；透過人際互動培養關係與信任。

三、閒聊交際是世界各地最常用、也最有效的影響技巧之一。

四、動之以情是向關係良好的人尋求協助或支持的影響方式，是交情運作的實例，以好感度、同類相吸、互惠等心理原則爲基礎。

延伸思考

一、閒聊交際對先天外向、容易和陌生人聊開的人來說很容易。你習慣和人閒聊交際嗎，尤其是剛認識的人？

二、對於閒聊交際、培養關係和信任、談論有趣的話題、和不認識或不熟的人拉近關係你有多擅長？檢閱本章「有效閒聊交際的方法」所列出的清單，哪些技巧是你所擅長的，哪些對你來說比較困難？你如何培養閒聊交際的技巧？

三、思考你未來需要影響他人的重要情境。假設你從來沒遇過對方，必須使用閒聊交際法來影響他，想像一下那個情況會是什麼樣子。你如何運用閒聊交際法拉近彼此的距離，讓他對你產生好感，更願意接受你的要求？那個過程會是什麼樣子？什麼因素有助於成功？

四、想想和你關係最好的人，你可能很難衡量你們有多常影響彼此、對彼此的影響有多大，不過你還是可以試著衡量看看。你們對彼此的思考、計畫、態度、價值觀有多大的影響？你願意爲他們做什麼？他們願意爲你做什麼？

五、你幫助認識的人，尤其是熟人時，心裡感覺舒坦嗎？你開口請人幫忙時，會覺得不好意思嗎？如果你覺得開不了口，爲什麼？

六、想像與第三題同樣的情境，但對象換成你熟到可以動之以情的人。你會如何影響他？難度有多高？

第六章　你怎麼看？

請教諮詢和結盟

社交型的影響方法基本上就是尋求和人們的共通點。我們試著和他人培養關係，拉近彼此的距離，找出雙方的相似處，進一步培養感情。又或者，我們試圖讓對方更喜歡我們，化解冷漠，培養同理心。所以，我們以提問的方式吸引對方參與，拉他們加入解決問題的流程，向他們諮詢點子——亦即請教對方。我們尋求對方的意見或點子，這表示我們在意他們的想法，通常這麼做可讓對方為之一振。每個人都喜歡受到注意、欣賞、被聆聽的感覺，喜歡自己的意見獲得重視。我們的提問所促成的對話，讓雙方有了共通點：雙方可以一起討論想法，解決問題。如果能一起想出解決方案，對方更有可能支持這個方案，因為這是他們幫忙想出來的。事實上，這麼一來，他們也成了這個方案的主人。研究顯示，請教諮詢是世界各地最普遍使用也最有效的影響方式之一。

最後一種社交型影響方法是結盟。當我們使用這種方法時，是想透過社會規範或同儕壓力來發揮影響力。我們可能會對對方說，許多人早就在做我們所提議的事了；或是去找老闆以前，先尋求其他同仁的支持。當廣告商說：「每五個醫生就有四個推薦我們的產品。」這就是一種結盟法。他們訴諸醫學權威，讓提案有了正當性。事實上，以法為據和結盟之間有高度相關性（結盟可說是訴諸**社會**權威）。當我們使用結盟法時，是想把對方拉進其他結盟分子的共通點，或是公司、團隊、家族、部落或社會的社交規範所定義的共通點。結盟不像其他的社交型影響方法那麼常用，但是在適當的情境下，用在合適的人身上，可能會有很強大的效果。本章主要是探討請教諮詢和結盟，兩種在適切的情境中相當強大的影響方法。

請教諮詢

雖然這聽起來很簡單，但有時候只要問對問題，就能對人造成深遠的影響。我在上一本著作裡提到：「好的問題可以讓人檢視自己的願望、動機、選擇、假設、優先要務和行為，從而敞開封閉的大門，揭開塵封的記憶，讓對方以從未想過的方式思考，激發洞見和改變。[1]」你提出問題，導致對方探索及質疑他們的思考時，就是在影響他們。卓越的領導者、教師、教練、治療師就是以發問的方式引導（亦即影響）他人，藉此刺激他人的想法，幫人改變自己。研究顯示，光是聆聽講課和記憶事實，一般人只記得一〇%的授課內容。透過體驗和自我探索，則可記住約七〇%。所以，相對於直接告訴某人你希望他知道的事情，更有效的影響方式是讓他自己找出答案。以下是一些發人深省的問題範例。

動機型問題（探測決策流程、優先要務與根本動機）

- 什麼促使你那麼做？**或**你覺得他們為什麼會那麼做？
- 影響你決定的因素是什麼？什麼因素最重要？如果能夠重來，你還會考慮什麼別的因素？
- 什麼對你來說最重要？**或**你覺得什麼最重要？

質疑型問題（讓人離開安適區或質疑假設）

- 我知道一直以來都是這樣做，但為什麼呢？為什麼不採用別的方式？
- 這背後根本的假設是什麼？什麼假設是大家認定為真，但其實不然的？
- 我覺得那個障礙可能不如你想的那麼大，真正阻礙你前進的原因是什麼？
- 好，這可能失敗，但那又如何？萬一真的失敗了，最糟的情況是怎樣？
- 我只聽到風險，這行動有什麼潛在效益嗎？

理想結果型問題（探索目標、夢想與未來願景）

- 你想達成什麼目標？這目標夠遠大嗎？在理想情境中，可能達到哪些更遠大的目標？
- 最佳結果是什麼？理想狀況下，你想看到什麼？
- 需要付出什麼才能達到這個目標？

假設型問題（透過假設質疑某人的思考或改變典範）

- 我知道你覺得董事會不會接受，但是假設他們接受呢？你如何讓你的提議充滿吸引力，讓他們支持你？
- 如果目標是四千萬美元呢？需要怎麼做才能達到？
- 假設我們不去，還能做些什麼？
- 我跟你們一樣對這個流程感到失望，如果這些會議乾脆不開了呢？為了匯集大家的心血，一起解決問題，我們還可以怎麼做？

推論型問題（探索行動或事件的潛在後果）

- 萬一這事件或行動發生了，會出現什麼狀況？
- 如果你做（或不做）這件事，會發生什麼事？行動或不作為的後果是什麼？
- 做某件事的影響是什麼？
- 結果可能有多糟或多好？

「可倫坡」問題（像神探可倫坡〔Lieutenant Columbo〕一樣，讓人自己透露資訊）

- 你剛剛說那是怎麼運作的？我不太懂。
- 我不懂的是為什麼會這樣，請你解說給我聽好嗎？

- 我真的很好奇別人為什麼會拒絕你，你覺得他們懂你的意思嗎？如果他們不懂，是什麼原因？

「還有呢？」（因應對方的自滿或刺激對方思考）

- 好，那是原因之一，還有呢？
- 就這方面來說，我懂你的意思，但是還有什麼原因？他們這麼決定還有什麼其他重要的原因？
- 你確定就只是因為那樣嗎？可能還有其他的因素。

把直述句變成問句（如此一來，你就是在詢問，而非告知）

- 傑克．威爾許（Jack Welch）認為六標準差專案的目標是讓顧客更有競爭力，你覺得呢？（你是在徵詢對方的意見，而非只是陳述威爾許的說法。）
- 你似乎只有兩個選擇，這兩種都不太有吸引力，你還有其他的選擇嗎？（而不是說：「你只有兩個選擇。」）

這些問題會讓人更深入思考議題，不過，只提出一個發人深省的問題通常是不夠的，可能需要再追問其他的問題。如果你可以持續問下去，又不讓對方覺得你在拷問他，通常可以讓人在回應的過程中豁然開朗，雖然事前你可能不知道對方可能產生什麼啟發，或往哪個方向回應，不過這正是你的用意。使用請教諮詢法時，重點不是以提問的方式讓人得出某個結論（你已知的結論），而是引導對方進入發現的過程，你可能不知道這個過程會把他們導向哪裡。不過，擅長請教諮詢的人知道如何提出恰當的問題，讓對方想到原本可能不會提出的見解。

在《人之所欲》中，我寫到有效管理他人的祕訣之一，在於對人要有更深刻的好奇心。[2] 你可能只帶人卻沒有帶心，從來沒把下屬當成人來了解，你對他們的影響只限於你的角色權威。相反的，你可以和下屬培養真誠的人際關係，這不僅會讓你成為鼓舞人心的領導者，也可以培養出重要的社交影響技巧。當你有強烈的好奇心時，會深入了解大家告訴你的事，尤其是告訴你這些事的人。如果員工說：「我真的很喜歡參與這個專案。」你說：「太好了，很高興聽你這麼說。」這種回應對員工來說其實沒有多大的意義。你可以說：「你最喜歡哪一點？」員工可能告訴你她的想法，什麼對她來說最重要，她也會因此更了解自己一些。當你對他人展現出這樣的好奇心時，這表示你關心對方，關心他們所在意的事情，你有興趣，願意花時間深入了解，你樂於傾聽，大家會因此更喜歡你，你對人的影響力也提升了。

請教諮詢是以提問來引導對方，而不是操弄對方。如果你已經知道答案，提問時只想把對方引導到那個答案，那就是在操弄。當對方發現你那樣做時，會覺得自己被耍了，他們可能輕視你，對你也會愈來愈不信任。以有道德的方式提出有見地的問題，是先不假定特定的結果，而是以探詢式的問題刺激對方進行更深入的思考，讓他們自己找出正確的答案。最好的問題是讓人改變認知、態度或觀點的問題。正如作家英格麗・班吉斯（Ingrid Bengis）所說：「真正的問題是不管你喜不喜歡，都會強迫你思考，讓你的大腦開始像電鑽般振動，讓你在妥協後卻發現問題仍在，拒絕消失。那些問題在最該消失時闖進你的生活中，是最常被問起、但回應卻最為不足的問題，它們會緩慢且勉強地展露出真實的本質，常跟你的意念作對。[3]」

蘇格拉底問答法

請教諮詢法作為影響力的技巧的一種特殊運用，是蘇格拉底問答法（Socratic method）。教育上使用這種方法教導學生進行更為深入的判斷思考，並在法學院與商學院中普遍使用。這種教學方法是由教師發問，點名學生回答。根據學生的回應，老師通常會問更多的問題以釐清學生的思維，讓學生做出更具體的回應，是質疑學生的假設。老師也可以提出假設情境，然後用蘇格拉底問答法，要求學生從不同的觀點考量情境。在一九七三年的電影《力爭上游》（*The Paper Chase*）中，金斯菲德教授（Kingsfield）為學生說明這種方法：

這裡我們是採用蘇格拉底問答法，我點到你，就問你一個問題，由你回答。爲什麼我不光上

「身為顧問，我最擅長的就是展現不解，提出問題。」—彼得・杜拉克

課就好？因爲你會從問題中教導自己。透過這種提問、回答、提問、回答的方式，我們想要培養你分析龐雜事物的能力，因爲社會裡的人際關係是由龐雜的眞相所構成的。提問並回答……你教導自己法律，我則是訓練你的大腦。你進來時，滿腦子糨糊，糊里糊塗，你離開時會像律師一樣思考。[4]

蘇格拉底問答法受到一些批評，部分原因在於，這種方法使用不當時，「很像是『知情不報』，教授問他已經知道答案的問題，學生並不知道答案是什麼，目的變成答出教授認為正確的問題。萬一學生答錯了，可能會受到多種個人羞辱。[5]」當然，操縱性的提問確實是個問題。如果你提問的目的，是要讓人洞悉你心裡在想什麼，那就是在要手段。不過，如果你的提問是為了教導學生有助於探索與細查的問題，那就是有效的領導方式，我看過很多的企業領導人以這種方式發問。威爾許在奇異公司的紐約克魯頓學院（Crotonville）授課時，常給奇異公司的管理者出難題，逼他們檢視假設和優先要務。他教導好幾世代的奇異領導者如何思考事業與管理，這就是有效運用請教諮詢法來影響他人的方式。

透過發問建立所有權

請教諮詢法的另一種運用方式，是讓被影響者參與解題流程，讓他們一起參與解決問題，得到一些擁有權。一般人比較願意支持自己參與創造的東西。例如，你可以請人對你打算提出的提案給點意見，在改寫提案時，把他們的部分或全部的建議納入提案中，從而影響他們。當你提出修改過的提案時（納入了他們的想法），他們比較容易答應支持，因為他們會覺得自己對於最終的成品有一些擁有權，希望自己的立場一致（當然，之前他們沒有表達意見的部分，就表示他們已經認同了）。一般人都喜歡別人徵詢他們的看法，當你把他們的意見也納入提案時，那也是在肯定他們。這種影響方式經常發生在會議中，例如與會者提出意見，徵詢大家的看法；或是主持人說：「我們來腦力激盪一些進入市場的創意想法。」當你請對方參與解決問題或提出點子時，他們比較可能支持得出的結果，因為參與通常可以促進投入。如果人們看到自己的意見被納入解決方案中，而且也認同最終的結果時，就會更投入解決方案

所以，影響他人的有效方式，是向對方提出你的想法、假設、計畫或提案，然後徵詢對方的意見、建議或反饋。你其實是把對方變成顧問，這個方法顯然只適用在你想開放接納對方意見的時候。此外，如果你可以納入對方的一些看法，又不會損及最終產品的完整性，你就應該這麼做。基本上，請教諮詢是以合作的方式影響他人。在我們的研究中，請教諮詢的使用頻率和效力在十種影響方法中排名第四，在美國尤其盛行，美國是全世界最常使用這個方式的國家。

請教諮詢是以提問的方式影響他人，那些問題刺激與吸引對方參與，讓他們對解決方案有一些擁有權。

請教諮詢的實例：管理學大師杜拉克

杜拉克是擅長以請教諮詢法來影響他人的大師，他是通用汽車的艾弗雷德・史隆（Alfred Sloan Jr.）、奇異的威爾許、英特爾的安迪・葛洛夫（Andy Grove）等知名企業執行長的傳奇老師、教練與顧問。一九〇九年，杜拉克生於維也納一個備受敬重的家庭，母親學醫，父親學法，在奧匈帝國擔任資深公務員。在他童年的歲月裡，知識分子、科學家、藝術家、政府高級官員經常群聚在他家，討論多種議題。杜拉克從小就出神地坐在一旁聆聽佛洛伊德（家人的朋友）等名人一邊喝著烈酒、抽著雪茄，一邊抒發己見。杜拉克在這些豐富的知識薰陶下，培養出對商業、經濟與法律的興趣。一九三一年，他從法蘭克福大學取得國際公法博士學位，但他很快就發現，他對經濟學和法學不是那麼感興趣，對組織行為和管理實務比較有興趣，於是終其一生，投入管理領域。

一九三三年，希特勒和納粹得勢，杜拉克離開德國，前往英國，後來定居在美國。一九四〇年代他在本寧頓學院（Bennington College）教導商業與相關學科，一九五〇年代和一九六〇年代在紐約大學授課，後來又到克萊蒙研究大學（Claremont Graduate University）授課，成立全美第一個高階經理人的ＭＢＡ課程。在他長年的教學生涯中，他也擔任許多高階管理者及企業的顧問，出版了近四十本書，翻譯成三十多種語言。不過，杜拉克對管理和商業的影響，源自於他自創或推廣的創新想法，包括權力下放、把員工視為資產、把企業視為社群、相信企業的存在是為了服務顧客而非賺取利潤。杜拉克是率先提出重視行銷和客服的商業思想家，他認為專業經理人對組織來說比魅力領導者更為重要。他肯定知識工作者的興起，認為培育與留住人才是重要的企業策略，他也預測了職場的典範轉移。

管理學大師杜拉克以提問的方式完成一些最佳的諮詢。

儘管杜拉克對商業與管理實務有卓越的貢獻，卻仍飽受批評。他在授課時，有時會講錯一些事實並損及形象，有些人因此鄙視他的論點。他終其一生時不時會受到一些學者的批評，因為那些學者覺得他的研究和想法沒有充分的研究基礎。儘管如此，杜拉克對二十世紀的商業實務仍有極大的影響。二〇〇五年他辭世後，威爾許表示：「全世界都知道，他是上個世紀最了不起的管理思想家。[6]」杜拉克就像所有優秀的顧問一樣，擅長發問。根據《商業周刊》報導，「杜拉克的風格向來不是為執行長的問題提出清楚、精簡的答案，而是以發問的方式，發掘阻礙績效的更大議題。」他有一次為客戶提供諮詢時表示：「我的任務就是發問，你的任務就是回答。[7]」杜拉克的作法，就是以發問影響他人的實例。

這是全球第四常用的影響方式（僅次於講理、閒聊交際、直述），在效用上也是全球排名第四（僅次於講理、閒聊交際、動之以情），所以我覺得請教諮詢是五大強效影響工具之一。

我們從研究中發現一個有趣的結果：請教諮詢法的使用和「個性」及「魅力」這兩個權力來源最密切相關。這表示擅長以發問方式吸引他人合作的人，人品不錯，個性也較討喜。這有可能是真的，因為人們在被徵詢意見時會產生好感，而把正面特質投射在影響者的身上。所以，如果你擅長以請教諮詢法影響他人，對方可能會覺得你人品不錯，頗有魅力。為什麼這點很重要？因為這有提升其他權力來源的月暈效應，讓你在整體而言更有影響力。

常使用請教諮詢法的人通常也常用閒聊交際法、訴諸價值法（啟發性的影響方式）和交換法。閒聊交際法和交換法都很需要社交互動，所以它和請教諮詢法密切相關是很合理的事。不過，它和訴諸價值法也有關連。這很有意思，表示一般人覺得擅長且經常使用請教諮詢的人，比常用直述法（一種告知策略）的人更有啟發性。有效使用請教諮詢法和有效使用講理法之間，有強烈的相關性，最有效的影響者可能都不只用一種影響方式，而是輪流使用直述與要求、講理與諮詢。此外，提出發人深省的問題並不是個容易學會的技巧，需要高的ＩＱ和ＥＱ，才能在適當時機提出巧妙的問題。有效使用請教諮詢法和邏輯推理的技巧之間，其實是密切相關的。

與請教諮詢最密切相關的技巧是聆聽、對他人有真實的興趣、培養關係和信任、支持與鼓勵他人、閒聊、提出探測性問題，以及邏輯推理。這些發現也佐證了我的論點：擅長請教諮詢的人不會使用操弄的手段，他們是真的對他人感到興趣，是優秀的傾聽者。他們培養信任，別人覺得他們是支持與激勵人心的。

請教諮詢法有什麼缺點

以請教諮詢法影響他人有兩大缺點：費時較久，無法掌控或預測結果。以發問及邀人討論的方式吸引他人參與，顯然比直述或以法為據來得費時，不過，如果你有時間，而且對方投入行動對你來說很重要，很少有影響方式比請教諮詢法更好。

對有些人來說，比較大的問題在於他們邀請對方貢獻點子及討論其他答案時，也放棄了掌控權。如果你是數學教授，某個問題只會有一個正確答案，蘇格拉底問答法可能就不是最好的教學方式（講課後接著應用或模擬是較好的方法）。在商業上，如果你有規劃良好的提案，能改變的地方有限，你以請教諮詢法獲得他人的認同可能不是最好的技巧（改用講理或以法為據也許比較好）。請教諮詢是一種合作的技巧，其效力來自於邀人參與主題。如果你很習慣這麼做，又有時間，請教諮詢就是個有效的策略。

使用請教諮詢的好時機

請教諮詢很適合用在以下的情境：

- 想組成聯盟的時候。我們的研究顯示，最擅長聯盟的人主要是透過請教諮詢、為人表率、講理這三種方式建立聯盟，接著運用聯盟的權威來影響他人。

- 教導或指導的時候。蘇格拉底問答法或其他類似的方式，是有效指引他人發掘與學習多數學科的方式。
- 你想促使他人質疑他的假設、得出新的見解或觀點的時候。這種質疑需要一些技巧，使用得當時相當有效。
- 當你的目的是想吸引他人參與深思熟慮的對話，你可以提出發人深省的問題以刺激討論，引導對方。對需要提升團隊績效的團隊領導者和管理者來說，請教諮詢是相當實用的工具。
- 你需要對方投入行動或計畫的時候。請教諮詢、為人表率、訴諸價值是最有可能讓人投入，甚至進而領導的三種影響方式。當你想要激勵他人時，結合訴諸價值與請教諮詢的方式非常有效。
- 當納入多元的意見可以提升解決方案的品質時。
- 你想一次影響許多人的時候。對廣大的聽眾提出適切的問題，可以同時影響許多人。
- 當你想影響的人可能跟你對立，提問可以吸引他們參與，讓他們了解你願意接納他們的想法與感受。對有敵意的對象使用講理或直述的方式幾乎一定會失敗。不過，採用比較柔性的方法，例如提出發人深省的問題，可以改變人們對你的看法。當你想要博得人心時，諮詢比告知更好。

請教諮詢的方式

一、聆聽。和請教諮詢最密切相關的人際互動技巧就是聆聽。

二、別問一些想把人引導至特定答案的引導性問題。總之，不要使用操弄手段。當正確答案很多，而你的目的在於徵求與運用他人的點子時，請教諮詢的效果最好。

三、提出發人深省的問題讓大家深入思考。回顧本章稍早前列舉的動機型問題、假設型問題、「還有呢？」問題等等，在你吸引對方參與之前，先腦力激盪出一串可以拿來詢問他們的深入問題通常很有幫助。在開始對話時，內心已經想好要提出哪些問題，但是你也要根據對方所告知的內容，靈活地提出新問題（切記，你必須先仔細聆聽對方）。最好的請教諮詢式對話，不像拷問或採訪，而是像閒聊般自然，提問者對於對方的談話內容展現出濃厚的興趣。

四、比平常更深入探問。別忘了你對對方的好奇心要比平常更深入。

五、敞開心胸聆聽對方告訴你的意見，如果能在不妥協品質或完整性的條件下納入他的意見，就將它融入你的計畫或解決方案中。

六、採用他人的點子時，要想辦法肯定對方的功勞，即使只是簡單的說句「謝謝你的意見」，都可以表達出你對其貢獻的感激，加強他對「擁有權」及對結果的默許。

結盟

許多研究顯示，我們不僅受到喜歡的人和相似者的心理力量所影響，也會受到社會認同的影響。也就是說，在含糊或不確定的情況下，我們通常想在決定行動以前，先看別人怎麼做。一位寫作暢談如何說服他人的作者說：「我們不確定行動步驟時，通常會往外看，讓周遭的人指引我們的決定和行動。[8]」想像你在室內樂的演奏會裡，音樂家剛演奏完第一首曲子，相當精采，你很想起身鼓掌，但其他人都坐著，於是你繼續坐著，心想萬一沒有人跟你一起站起來，那就太糗了。音樂家又繼續演奏下一首曲子，依舊相當精采，你繼續坐著，但前面有兩個人起身鼓掌，其他人也跟著起立了，現在你也站了起來，加入那群起身鼓掌的人，這就是社會認同的實例。

電視喜劇裡的罐頭笑聲也是社會認同的另一個例子。觀眾明知那笑聲是假的，但研究顯示，觀眾覺得加入罐頭笑聲的節目比較有趣。無論你喜不喜歡，我們的行為都會受到群眾的影響，即使那群眾是電子化的假象。我們都有融入群體的欲望，害怕遭到排擠，在意他人的看法。當我們對事情不確定時，會在行動以前先詢問他人的意見，或看看別人怎麼做。當然，我這裡有點一概而論。很多情況下，我們並不在乎別人怎麼想，只想獨自一個人，或是對自己的想法很有信心，不需要外界的肯定。即便如此，否定社會認同的力量或普遍性也是不智的。社會認同對我們的影響，比我們意識到的還要強大。

結盟是引用社會認同來影響他人，以下是一些結盟的例子。

- 幾位學生在聊放學後要做什麼。湯米想踢足球，但其他人想打棒球，湯米一直吵著要踢足球，於是一位男孩說：「湯米，別這樣，其他人都想打棒球。」（同儕壓力是運用社會認同以取得對方同意的方式，這個聯盟是由想打棒球的學生組成的）
- 新工作小組第一次開會時，領導團隊的組長說：「我想我們應該為合作方式訂出一些基本原則，你們之所以被選入這個工作小組，是因為你們都曾是績效優異團隊裡的重要成員。從你們的觀點來看，那些團隊表現那麼好的原因是什麼？你們建議訂出哪些基本原則？」（領導者請大家提出基本原則，是想讓每位組員都變成她的盟友。基本原則相當於社會規範，萬一日後有組員不合作，她可以引用那些基本原則說：「你應該還記得我們都同意……」這是一種巧妙的結盟方式，因為被影響者自己建立了將來領導者可以用來影響他們行為的社會認同）
- 講師主持人力規劃的研討會，正在示範情境模型的科技運用方式。一位與會者堅稱他們永遠不會用到這套軟體，應該談點別的，但講師認為了解這種程式怎麼運作很重要。他並沒有硬要對方接受他的看法，而是轉向大家，問其他人想要繼續看示範，還是聽些別的。絕大部分的與會者都想看完示範，所以講師就繼續示範下去了。

結盟是引用社會認同來影響他人，用於適當的情境時，效果可能相當強大。

- 實驗室的科學家寫了一份技術論文，請幾位同事審查並給點意見。他根據同事的意見修改論文，投到期刊委員會，並註明論文已在實驗室裡獲得多方的同儕審查。（他把同儕意見納入修改的論文中，其實是把這些人變成研究的盟友，以說服期刊委員會接受他的論文）
- 幾位員工想採用彈性上班時間，但公司目前尚未核准，他們也覺得老闆不會答應，因為這代表了公司政策的一大轉變。所以他們決定先調查彈性工作時間的優缺點，研究其他公司的作法。當資訊蒐集完整後，他們對其他的員工做民調，了解大家對彈性工時的看法，得知約三分之一的員工感興趣。於是他們拿著彙整的資料去找管理者及人力資源長，管理者對他們的提議感到懷疑，但同意人資長應該研究一下這項政策改變的成本和效益。人資長研究後的結論是：這項政策改變有益，並在管理者的認同下，向執行委員會建議這項提案。

最後一個情境是以結盟法在職場中發揮影響力的典型例子。員工認為主管不會支持政策改變，於是尋找證據來佐證提案，找其他也想要彈性工時的員工共組更大的聯盟，然後去找主管和人資長。人資長檢閱他們的提案後，決定支持提案，成為聯盟的重要成員，並幫忙把提案送交給執行團隊。當你沒有權力以其他的方式影響某人時，匯集一群人共組聯盟，不僅是**最有效**的影響方法，可能也是你**唯**一能用的方法。另一個重要的啟示是，結盟需要用到其他的影響方式，在這個例子中，員工先調查其他員工的意見（請教諮詢），研究其他公司如何採用彈性工時。然後他們向兩位管理者提案（講理）。無論提案再怎麼有吸引力，結盟的附加力量才是凸顯提案優點的社會認同，幫忙說服了管理者接納提案。

結盟是政治圈與政府組織中常用的影響方式。不過，在商業和其他組織中，有人去找當權者批准以前，想先尋求他人對計畫、提案或倡議的支持時，也常用結盟法。當一群人認同基本原則、運作方針、行為準則或細則，想要求其他加入者遵守那些協議時，結盟也是有效的方式，這就是**社會規範化**（social norming）的例子。在每個群體中，決定哪些行為可接受、哪些行為不可接受的規範通常是選定（例如制定基本原則）或自然而然產生的。個人想繼續保有成員資格，就需要遵守團體的規範。一旦違反規範，團隊的領導者或其他成員，可能會提醒犯錯者他們之前已經同意過的事。當違反規範的情節嚴重時，犯錯者可能會受到懲罰或排擠。所以我們可以把團隊想成一種聯盟，尤其是完成規範化流程的團隊。加入團隊的人應該透過學習團隊規範以被社會化，每次有人或有事提醒既有成員他們當初答應遵循的規範時，既有成員就需要再社會化。重申群體的社會規範，就是以結盟法影響他人，這種影響方法類似以法為據，因為這相當於訴諸（社會）權威。

結盟的實例：兩伊戰爭時期的布希政府

一九九〇年伊拉克入侵科威特後所發生的事，就是以結盟法發揮影響力的明顯例子。伊拉克入侵後不久，聯合國安理會通過決議譴責入侵。阿拉伯國家聯盟也通過類似的決議，但他們要求這件事由阿拉伯國家聯盟解決，並對外力介入衝突提出警告。幾天後，聯合國安理會投票決定對伊拉克實施經濟制裁並批准海上封鎖。隨後，衝突的各方開始擺出姿態進行協商，但伊拉克要求各方讓步，否則就拒絕撤兵，聯合國安理會於是通過決議，要求伊拉克軍隊在一九九一年一月中旬之前撤兵，但海珊拒絕。

當外交方案看來愈來愈不可能解決危機時，布希政府開始組成反對聯盟，把伊拉克強行驅離科威特。最後，這個聯盟包括阿根廷、澳洲、巴林、孟加拉、比利時、加拿大、捷克、丹麥、埃及、法國、希臘、宏都拉斯、匈牙利、義大利、馬來西亞、摩洛哥、荷蘭、紐西蘭、尼日、挪威、阿曼、巴基斯坦、菲律賓、波蘭、葡萄牙、卡達、沙烏地阿拉伯、塞內加爾、獅子山、新加坡、南韓、西班牙、瑞典、敘利亞、土耳其、阿拉伯聯合大公國、英國等國。德國和日本提供資金，但沒有派兵。

不少阿拉伯和中東國家也加入了聯盟，這提升了布希政府的全球信譽以及軍事干預的支持度。聯軍解救科威特並進入伊拉克以後，海珊意圖發射飛毛腿飛彈到以色列重挫聯軍。如果以色列以武力回應，聯軍裡的阿拉伯國家成員可能會收回對於聯軍的支持，布希政府睿智地安撫以色列壓抑衝動，以色列答應了。聯軍的成員國加入的理由各不相同，有些國家是反對伊拉克的侵略，有些則是擔心伊拉克進一步占領沙烏地阿拉伯的油田。有些國家加入聯盟是為了得到經濟援助或債務免除，另一些國家則是為了維持和重要盟友或世界強權的外交關係而出兵。無論他們加入的原因是什麼，布希政府及其親密的盟友推動聯盟，運用多種影響技巧建立強大的全球聯軍，以反抗伊拉克的侵略。

如此龐大的聯盟比較罕見，不過在商業上，倒是滿常出現較小規模的結盟，例如公司和供應商結成聯盟；公司和重要的顧客建立伙伴關係；公司聯合競爭對手一起投標自己無法單獨承接的重大專案等等。當個別影響者沒有足夠的權力達成影響目標時，結盟是最有效的方法。根據研究顯示，結盟法不像其他影響方法那麼常用，在全球使用頻率上排名第九（只比交換法常用）。有趣的是，最善於運用結盟法的人也不常使用這個方法，可見結盟法只適用於特殊狀況。

布希總統、國防部長錢尼（左）、參謀長聯席會議主席鮑威爾（右）是沙漠風暴聯軍的主要策劃者。

研究也顯示角色權力大的人比較不善於結盟，這表示當他們有很大的角色權威時，並不需要結盟。比較最不擅長結盟與最擅長結盟的人時可以發現，與結盟最密切相關的權力來源是聲譽、表達力、魅力、知識和人脈。顯然，聲譽好、人緣佳有助於結盟。表達力好、好感度高、知識淵博也會吸引人加入聯盟；或是在引用社會認同時，比較容易讓對方欣然接受。最擅長結盟的人在以下方面也比較優異：建立共識，解決衝突和意見紛歧，培養關係和信任，主動向他人示範怎麼做，說服別人幫忙影響其他的人，運用權威，洞悉他人所重視的事物。同時，他們也擅長談判或協商。

結盟有什麼缺點

結盟的缺點和以法為據的缺點類似，除非巧妙使用，否則會讓人覺得強勢高壓，對方可能覺得大家想以「人多勢眾」來逼他就範。此外，有些人不想為了和人相處而遵守團體規範，他們可能不喜歡隨聲附和或人云亦云。有些人可能因為不喜歡那種壓迫感而抗拒結盟。

運用社群壓力也可能導致「集體迷思」，意即大家的想法都差不多，因為沒人想要質疑看似普遍的思維。因此，使用結盟法影響決定時應該謹慎，要確定你有相關的資訊，徵詢過合適的人，而且你的主張也經過仔細的檢視和質疑了。

結盟的好時機

以下的情境適合使用結盟法發揮影響力。

- 你可以找出對方可能尊重的規範、習俗、傳統或協議。
- 你可以找出可能分享與支持你的遠見、目標，觀點或倡議的潛在盟友。
- 你用其他的影響方法卻沒有足夠的權力基礎說服對方，但你又需要他人的支持、專業知識或鼓勵。

- 對方要求你提出更多支持點子或提案的證據，除非你已經獲得共識，否則他不為所動。有些領導者和管理者就是這樣，他們先天就喜歡參與式管理，希望你先和其他人討論想法，並提出群體的見解。
- 你的組織文化偏好參與式管理或協作方式。
- 你想影響的人已經顯示出他會受到公眾或群體意見的影響。
- 施加社會壓力不會衍生負面的結果。

結盟的方法

- 以「人多勢眾」的方式影響對方以前，先嘗試其他比較沒威脅性的影響方式。為了影響權力強大的個人（例如老闆）而結盟，看起來可能會很像反叛。
- 思考其他人有沒有可能支持你，被影響人對結盟或群體觀點是否可能產生正面的反應。
- 找出可能的盟友，想想他們為什麼會（或不會）支持你，接著以其他的影響方式尋求他們的支持。你至少應該先讓他們支持你的目的，最好讓他們在幫你達成目的的同時，也可以從中受惠。
- 先找有力人士加入支持，最好是人脈好、聲譽佳、可靠、在組織中有知名度的人。先找他們當盟友，就比較容易號召更多人支持你了。
- 如果你的盟友中有組織裡的意見領袖，先請教他們達成目標的最佳方式，說服他們幫你影響其他人。獲得他們的積極參與可以增強動力。如果他們的人脈亨通，看他們能不能動用廣大的人脈，幫你拉攏更多的支持者。

- 考慮組成團隊、工作小組、特別委員會、諮詢小組或技術小組，以探索與推動想法。這種群體組織得當時，可以提升聯盟的能見度、信譽和聲望。
- 積極維繫聯盟，別以為大家一旦加入就不會離開。如果目標可能逐漸退燒，你需要努力拉攏聯盟的成員，讓他們持續投入並積極地支持。

觀念精粹

一、兩種重要的社交型影響方法是請教諮詢與結盟。

二、有時只要問對問題，就能對人產生深遠的影響。請教諮詢是以發問的方式刺激及吸引他人參與，讓人對解決方案產生一些擁有權，從而影響對方。

三、發人深省的問題包括動機型問題、質疑型問題、理想結果型問題、假設型問題、推論型問題、「可倫坡」問題、「還有呢？」問題。

四、一種強大的影響方式是提出想法、假設、計畫或提案，然後詢問對方的意見、建議或反饋。其實你是把對方變成顧問，採用他們的意見，把他們也變成結果的共同擁有人，他們因此更有可能支持你的方案。

五、結盟是引用社會認同來影響他人，最擅長結盟的人反而不常使用這種方法。不過，這種方式運用在適當的情境時，可能會有強大的效果。

延伸思考

一、請教諮詢是強大的影響方法，尤其當你有能力問對問題，讓人提出見解的時候。你覺得自己善於提出發人深省的問題嗎？回顧前面所列出的問題範本並辨認出那些你平常不會問的問題。找出你可以提出那些問題的情境並加以練習，一開始你可能會覺得很彆扭，但久而久之，就會熟悉那樣的發問方式了。

二、想一個將來你需要影響他人的重要情境。假設你必須使用請教諮詢法，你如何吸引對方參與？你會問什麼問題？腦力激盪一份你可能發問的問題，接著去實行。

三、請教諮詢的挑戰在於納入對方的一些意見，讓他們覺得自己對解決方案有些貢獻，因而更有可能支持那方案。你如何能做到？提示：你必須敞開心胸，接受結果不完全爲你所有。

四、當你需要用社會認同來影響他人時，你使用結盟法的效果如何？當你使用結盟法時，哪方面做得好？哪方面還可以再加強？

五、想想你覺得擅長使用結盟法的人，他們是怎麼做的？爲什麼他們的效果很好？

六、想像和第二題一樣的情境，這次你可能需要結盟才能影響對方，你會找誰結盟？你如何說服他們支持你？試著演練整個情境，你如何你的建立聯盟？

第七章　尋找啟發

訴諸價值及為人表率

美國南北戰爭的第三個夏天，南方聯盟的統帥傑佛遜・戴維斯（Jefferson Davis）和北維吉尼亞軍團的司令羅伯特・李（Robert E. Lee）擬定了一個大膽的計畫，他們希望能就此結束南北戰爭。幾個月前，南方贏得傳斯勒村之戰，約瑟夫・胡克（Joseph Hooker）指揮的北方聯邦軍撤退。北方的政治人物對連串的軍事失利感到失望，開始出現和談的聲音，繼續奮戰的意念開始動搖。李認為如果他從賓州往北進攻，轉攻東部並威脅費城、巴爾的摩、華盛頓等地，聯邦軍會士氣大跌，那些主張和平的人會要求林肯談判並結束戰爭。

李領導七萬兩千人的軍隊北上，經過謝南多厄河谷，進入賓州時，喬治・米德將軍（George Meade）所領導的波多馬克軍團急忙北上對抗他們。一八六三年七月一日，兩軍在蓋茨堡小鎮對峙。一開始，雙方在小鎮西北部的低矮山脊爆發小規模的戰鬥，結果聯邦軍逃回蓋茨堡，不過他們也因此爭取到時間，等到了聯邦軍的主力抵達戰場。七月二日，兩軍沿著由北而南延伸的平行山脊，在小鎮南方開戰。李發現聯邦軍防衛最弱的部分，是在墓園山脊的南端，那山脊有兩座山，分別叫大圓頂和小圓頂，他下令大規模進攻聯邦軍的那個地方。

南方軍隊開始攻擊墓園山脊時，北方聯邦軍的准將古弗尼爾・沃倫（Gouverneur K. Warren）將軍爬上小圓頂的頂端，發現那座山毫無防衛，步槍閃閃反射著陽光，可見南方軍隊已經占領了大圓頂，他們正匯集大軍，即將攻擊他所站的那個山峰。聯邦軍危在旦夕，誠如史學家羅伯・考利（Robert Cowley）所述：「小圓頂當時是個堆滿大石的光禿山地，約六十米高，可全覽整個戰場，掌控著墓園山脊往北延伸到聯邦軍部署的位置。如果李領導的南方聯盟炮兵攻上了這個山頭，他們可以縱向射擊聯邦軍，逼迫聯邦軍撤退，並大獲全勝。[1]」沃倫將軍發出緊急命令，要求聯邦軍的軍團占領小圓頂。參謀帶著命令急奔回營時，在附近的麥田遇到二十六歲的史壯・文森（Strong Vincent）上校，文森決定帶自己的軍隊上去小圓頂。他把其中一團人馬：緬因第二十志願兵團（20th Maine）部署在小圓頂的最南端。在綿延數英里的聯邦軍部署中，算是陣線的最尾端。

緬因第二十志願兵團是由約書亞・查伯倫（Joshua Lawrence Chamberlain）上校所領軍，查伯倫三十四歲，原本是在鮑登學院任教的修辭學和現代語言教授，沒有受過軍事訓練，但是滿心的愛國熱忱讓他決定報效國家。查伯倫帶兵到蓋茨堡以前，碰到最嚴峻的挑戰。緬因第二十志願兵團剛成立時有一千多人，經過一年的征戰，只剩不到三百人。最近，緬因第二志願兵團（2nd Maine）解散，上級要求他把第二團的一百二十人納入他的軍隊。他的確很需要軍力，但有個問題，這些人不願意服從，他們當初是志願加入第二團，並不想加入其他的軍團。此外，他們簽了三年的兵役期，比第二團已經解甲的弟兄們多了一年，他們都很疲憊，而且士氣低落。如果他們從軍隊裡逃走，查伯倫有權射殺他們，他不想這麼做，但也沒有多餘的人力監管他們。他需要讓他們願意參戰，提供戰鬥力。

於是查伯倫跟他們見面，聽取他們的不滿，並懇求他們加入第二十團。當天查伯倫對他們的談話並未被記錄下來，但作家邁克・夏拉（Michael Shaara）根據士兵的信件和回憶錄，在他榮獲普立茲獎的小說《殺戮天使》（*The Killer Angels*）中，重新建構了那場談話。夏拉描述，查伯倫待他們如士兵而不是罪犯。他說，我們不會殺他們，因為他們跟我們都是緬因人。他需要他們，眼前的戰役至關重要，萬一輸了這戰役，可能就輸掉整場戰爭。他認為他們的目標崇高正當，他們的目的跟歷史上的其他軍隊不同，他們是要解救其他人，而不是為了君王、戰利品或是土地。「我們不是為了土地，到處都有更多的土地。重點是我們每個人都有價值，你我都有，我們並非卑如草芥。我沒想過為草芥付出生命，我不是要你們加入我們為草芥而戰，我們最終是為了彼此而戰。[2]」無論查伯倫實際上的措辭是什麼，他的訴求都成功了，除了六個人以外，其他的反抗者都答應加入第二十團。

阿拉巴馬第十五志願軍的七百位沙場老兵攻向山頭時，第二十團只比他們早十分鐘登上小圓頂布線防衛。他們擊退第一波的攻擊，但阿拉巴馬志願軍重組以後又再次進攻。雙方損失驚人，不過戰鬥開始時，南方聯盟的軍隊遠多於第二十團，人數比是二比一。阿拉巴馬第十五志願軍的指揮官不斷把人馬往右移，想找到聯邦軍的最末端，從後方包抄。查伯倫則是把他的人馬移到左邊，再把軍隊的左側折回。經過兩小時的激戰，南方聯盟往山上進攻了五次，北方聯邦軍的軍力愈來愈薄弱，能繼續應戰的士兵所剩的彈藥也愈來愈少，他們每人只拿到六十個彈匣，有些人只剩幾個彈匣可用，有三分之二的人連彈匣都沒有了。查伯倫可以看到阿拉巴馬軍團在下方又重新組合，準備再次上攻。

文森上校下令第二十團就定位後，提醒查伯倫第二十團是在聯邦軍戰線的最左邊。「任何情況下你都不能撤兵，」文森說，「萬一你撤了，敵軍會從側面包抄，直攻山頂，從後方攻擊我們，你必須死守到底。[3]」查伯倫眼看著敵軍準備再次進攻，做出奮不顧身的決定。他知道他的士兵已經無法防守那個位置了，旗下一名中尉想移到戰線下方的岩層，有一些傷兵躺臥在那裡。查伯倫叫他回到位置上，接著下令士兵準備刺刀。當阿拉巴馬軍團衝向山頂時，查伯倫下令士兵衝下山反擊。阿拉巴馬軍團對突如其來的刺刀攻擊目瞪口呆，當下開始動搖，軍力潰散，數百人急忙竄逃以避免受傷。他們的指揮官後來坦承：「我們像一群狂牛般奔跑。」沒跑的士兵被第二十團疲憊不堪的士兵活逮，這些疲累的士兵大多已經沒有彈匣。爭奪小圓頂控制權的戰役就此結束，翌日，李下令對聯邦軍戰線的中央進行毀滅性的正面襲擊（所謂的「皮克特衝鋒」），結果南方聯盟反遭徹底擊垮。七月四日，美國獨立紀念日，他們大舉撤回維吉尼亞。

美國歷史扭轉的關鍵時刻

許多史學家把蓋茨堡之役視為南北戰爭的轉折點。查伯倫因領導捍衛小圓頂有方，後來獲得美國軍人最高級的英勇榮譽勳章「國會勳章」。我們不可能知道，要是當初第二十團遭到擊潰，南方聯盟炮兵沿著墓園山脊剷平聯邦軍戰線，蓋茨堡之役會是什麼樣的結局。不過，當初查伯倫要是無法說服第二團的多數士兵加入作戰，他顯然就會欠缺資源，無法扭轉敵軍的連續正面攻擊了。所以小圓頂之役成功的關鍵要素之一，是查伯倫說服那些反叛分子加入第二十團一起奮戰的能力。他的領導與影響力可能決定了後續的戰爭發展及美國的歷史。

查伯倫善於修辭藝術，他知道運用理性及社交型的說服方式無法成功，在那個關鍵時刻，當大家情緒激昂的時候，他唯一能做的是訴諸價值，激勵他們加入第二十團。**訴諸價值**是運用情感激勵他人的兩種常見影響方式之一，另一種方法是**為人表率**，亦即當別人起而效尤的模範，或是透過積極的教學、指導或諮詢來影響他人。啟發型的影響方法最可能讓人投入或領導，但效果要看影響人與被影響人的價值是否一致而定。想像一下，當初查伯倫如果不是對反叛分子發表激勵人心的談話，而是說：「我聽說你們有怨言，別怨了，每個人都有怨言，根本沒人想聽，尤其是我。你自己簽了志願入伍的兵約，不管你喜不喜歡，都有義務加入第二十團。我們二十分鐘後就要出動了，我希望你們每個人都挪動懶屁股，跟我們一起走。現在誰要跟我走？要跟的舉手。」他要是用這種方法，有人願意跟隨他才怪，他也不會是大家想要追隨的模範。

啟發型的影響方法很獨特，因為這種方式可以一次激勵很多人，甚至上百萬人，包括影響者

啟發型的影響方法最可能讓人投入或領導，但效果要看影響人與被影響人的價值觀是否一致而定。

不認識及從未見過的人。所以，這是政治與宗教領導人偏愛的影響方法，想要影響群眾的人可能訴諸價值觀，或是身體力行希望別人思考或行動的方式。訴諸價值和為人表率都是效用很強大的方法。事實上，我的研究顯示，擅長訴諸價值的人比不會激勵人心的人多出三倍的影響力。同樣的，大家眼中的卓越榜樣也比一般人多出近三倍的影響力。這些影響方法的使用頻率不像五大影響工具（講理、閒聊交際、請教諮詢、動之以情、直述）那麼高，但是使用得宜時，效果相當強大。當你想要影響很多人時，啟發型的影響方法幾乎也是唯一的方法。

訴諸價值

訴諸價值和講理相反，前者是訴諸於心，後者則是訴諸於腦。我們第三章曾經提過，我們是半理性、半感性的生物。但沒有人會懷疑感性面比較強大，我們還能用什麼方法說明愛、宗教虔誠或愛國熱忱？當我們在情感上致力投入於某個目標、理想、理念、運動或領導者時，我們可能做出原本對我們來說毫無意義的事。我們對人事物的喜愛、崇拜或嫌惡，可用理性論點做不到的方式影響我們的行為。除了科學領域以外，任何重大的改變，都是以訴諸價值或為人表率的方式達成的。

訴諸價值之所以成功，是因為那可以和人內心深處難以言喻的感受產生共鳴。訴諸價值可以激勵他們，因為那呼應了他們所重視的事物，讓他們的生活有了意義，激勵了他們的靈魂，連結了驅動他們的力量、渴望的事物、令他們感到值得、充實或合理的東西。這些價值不需要是普遍認同的或正面的。希特勒就是訴諸價值的大師，但他的訴求之所以成功，是因為在那個時機和場景下，大家非常渴望接納那樣的價值觀。他訴諸對一次大戰的結果感覺挫敗及受辱的民眾；需要畏懼共同敵人才能重建自尊的人，以及需要覺得自己比欺負他們的對象更優越的人。當然，一九三〇年代，希特勒的訴求並未激發所有的德國人，有些人對他的訊息不為所動或感到擔憂。希特勒為了達成目標，也訴諸恐嚇、操縱、威脅和暴力。不過，他的訴求無疑激勵了許多追隨者，因為他說出了他們想聽的話。

訴諸價值和為人表率有關，但兩者並不相同。當影響者訴諸價值時，他是以充滿價值的訊息進行溝通。為人表率則是在言行舉止上，讓人覺得充滿啟發或值得效法。如果是厭惡某人的所作所為或代表的事物，則會認為他的行徑值得反抗。以下是商業上一些訴諸價值的例子。

- 公司的執行長在員工大會上對著員工暢談公司的營運原則，他舉例說明員工運用這些原則時，顧客的消費體驗及服務如何被改善。

訴諸價值之所以成功，是因為那可以和人內心深處難以言喻的感受產生共鳴。訴諸價值可以激勵他們，因為那呼應了他們而重視的事物，讓他們的生活有了意義，激勵了他們的靈魂。

- 在策略會議上，公司的管理高層主張，公司有道德義務確定：境外的供應商沒使用童工。
- 在績效考核中，管理者想給員工更大的挑戰，讓她有更大的貢獻，他說：「琳達，妳做得不錯，但妳的作品還不夠振奮人心。我覺得妳可以做得更好，如果妳負責比較有挑戰性的任務，你會更喜歡這份工作。」琳達答應了，管理者提出幾種可能，請她考慮哪一項任務最有挑戰性和成就感，讓她最興奮。
- 一位退休的創投家對全球每年製造的垃圾量感到憂心，他製作了一份簡報，凸顯出問題，一有機會就到民間團體和學校演講。

訴諸價值的訊息跟被影響者的價值觀或信念相符時，效果很強大，足以激勵他們行動，不過即使是最有效的影響者，也無法每次都成功。葛理翰牧師（Billy Graham）是二十世紀最知名、有效的基督教福音傳播者之一。他主持過許多規劃完善又知名的改革運動，吸引非教友進入教堂，激勵教友更虔誠地奉獻，但是很多（或許大多數）聽過他激勵演講的人仍不為所動，也沒改信基督教，或是在喧騰過後又失去了熱誠。我在本書稍早前提過，歐巴馬是個鼓舞人心的演說家。他的演講時常包含著「價值觀」，在二〇〇八年美國總統大選期間，他的演講實力遠比對手麥肯優異。但是歐巴馬訴諸價值時並未影響每個人，因為不是每個人的價值觀都跟他一樣。他的得票率僅五三％，不過——這點很重要——訴諸價值不見得需要影響每個人，只要影響足夠數量的人，讓影響者達成目標就夠了。

振奮人心的事情往往令人難忘，讓人想記錄下來、複製、傳遞給其他人。以下是一些訴諸他人價值觀的經典語錄（粗體是我加上去的）。

- 「其他人之所以異於成功者，不是因為缺乏**實力**和**知識**，而是缺乏**意志**。」——隆巴迪
- 「如果你**重視**自己的**聲譽**，就要和**素質良好**的人為伍。與其和**損友**在一起，不如**孤獨一人**。」——華盛頓
- 「**謹慎小心**的人，老是在想辦法**保護**個人的**名聲**和**社會地位**，**從來無法掀起改革**。真正**認真**的人必須不在乎世人的評價，願意在公開與私下、在任何時節做任何事，**聲明自己同情受到輕視及迫害的想法**以及**主張那些想法的人**，並**承擔後果**。」——蘇珊·安東尼（Susan B. Anthony）
- 「**掌握自己的命運**，否則別人將接掌你的命運。」——威爾許
- 「**慶祝**你的**成就**，但每次**成功**後，就把**標準再提高**一些。」——美式足球明星米婭·哈姆（Mia Hamm）

這些發人深省的語錄深受歡迎，無數的書籍、文章、海報、月曆、保險桿貼紙引用這些話語，可見其熱門的程度。為什麼會這麼熱門呢？因為它們代表很多人嚮往的境界或行為。熱切的渴望給予我們希望與方向，意味著我們不必一直當個不完美的人，因為我們有成長的空間，這些

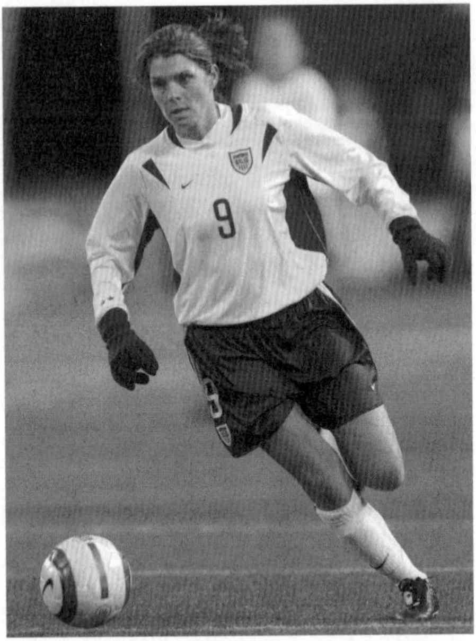

米婭・哈姆對數千位渴望像她一樣的女孩來說，是一大啟發。當她公開露面時，常用訴諸價值的方式影響他人。

鼓舞人心的想法會教我們如何做到。

下面是可能的運作方式：假設我已經表現得不錯，但還不算卓越，我覺得自己難以進步，沒有動力，一成不變。後來我在公司的業務大會上，有機會聽到米婭・哈姆的演講，自二〇〇四年美國女子足球隊贏得奧運金牌以後我就很崇拜她。她在演講中談到你必須慶祝自己的成就，但不要因此而自滿，而是要每次把標準提高一些。好，這個道理顯而易見，不是什麼新的道理，卻讓我產生了很大的共鳴，因為我發現我並未鞭策自己，我放棄是因為我想在太短的時間內做太多的事情，結果失敗反而讓我更加沮喪。我告訴自己：「從現在起，我要慶祝每次的成果，下次還要再進步一些。」

有人訴諸我們的價值觀時，我認為我們的內心會出現這樣的獨白。我們可以和朋友或同事分享，但我們往往不會明確說出來，甚至沒有明確意識到。無論訴求價值是怎麼發生的，都可能讓我們產生認知或意識，促使我們改變投入、信念或行為——這就是影響力。

訴諸價值的重點

在十種正派的影響方法中，訴諸價值在全球的使用頻率排名第七，幸好這種方法的使用率不太高，太常訴諸價值可能會很煩人。這種方法只有在偶一為之時有效，而且要在恰當的時機使用。最善於訴諸價值的人，也最擅長閒聊交際、為人表率、請教諮詢、交換。前三種的相關性很有道理，它們都是理性或啟發性的影響方式，但是訴諸價值和交換的相關性則令人意外。擅長訴諸價值的人比較會協商，可能是因為他很會訴諸對方的價值觀和情感。當然，他們了解其他人重視什麼，在交換時可以利用這些資訊。

當我們比較使用訴諸價值法效果最好和最差的人時，發現他們最大的差異在於表達力。表達力是導致效果不錯與效果優異的差異關鍵。和訴諸價值最密切相關的技巧是傳達活力和熱情、培養關係和信任、輕鬆交談、聆聽、支持和鼓勵他人、對他人展現真正的興趣、充滿魅力的語調、展現自信，以及洞悉他人重視的東西。不過，當你比較擅長與不擅長訴諸價值的人時，他們之間最大的技巧差別，在於洞悉他人所重視的事物、傳達活力與熱情的能力、聆聽技巧。最擅長訴諸價值的人在技巧上的得分是不擅長者的三倍，這種驚人的差異凸顯出真正掌握這種影響方式的關鍵：洞悉他人重視的事物，而這也是EQ的重要成分。具有這種人際洞察力的人，能精確地感同身受，讓彼此之間的情感更加深厚。

傳達活力和熱情也很重要，因為當你欠缺活力時，就很難啟發他人。沉悶、令人昏昏欲睡的演講者只會讓人分心，覺得不怎麼可信。要點然熱情，就需要火花。仔細聆聽也可以產生截然不同的效果，善於啟發他人的人無疑就是以聆聽的方式，培養洞悉他人的能力，從而訴諸對方所重視的價值觀。聆聽對訴諸價值來說非常重要，這也是我們從研究中學到的一大重點。最鼓舞人心的領導者不僅是卓越的演說家，更是卓越的傾聽者。

訴諸價值的缺點

最近我接到一位前同事的來電，她想幫一家非營利組織募款。她在訴諸價值方面做得很好，但她的理念無法引起我的共鳴。我對那件事還沒有在意到想要捐款贊助，所以我婉拒了。這就是訴諸價值的主要限制，這種方法只有在對方對你支持的價值或理念有所共鳴時才會有效。你必須知道被影響者重視什麼，或者你撒的網必須夠廣，盡量讓更多人產生共鳴，但同時也要記住，不是每個人都會有共鳴。

另一個缺點是，這種方法使用不當時，可能產生反效果。太常訴諸情感或太刺耳的訴求可能令人反感或疲倦。此外，你的訴求必須真誠。如果對方察覺你太過誇張或虛偽時，你可能會失去可信度，也就無法影響對方。

訴諸價值的時機

訴諸價值很適合用在以下的情境。

- 你自己對那主題充滿熱情，表達那些價值時真情流露。
- 你的目標與價值觀要跟對方的目標與價值觀一致。
- 你想一次影響很多人，包括你可能不認識的人（金恩博士的〈我有一個夢〉的演講就是一例）。
- 你需要對方投入、甚至起而領導的時候，因為光是順服還不夠。
- 你希望大家做不同凡響的事情，必須激勵他們採取超越常態的行動（甘迺迪總統在談人類登月的演講中，需要激勵大家相信及熱情地投入結果）。
- 你需要大家採取困難或不喜歡的行動（例如查伯倫上校在蓋茨堡的小圓頂上所面對的情況）。
- 你的組織面對困難或身處危險，你需要號召大家、凝聚力量、給予希望。
- 理性和社交型的影響方法不太可能成功的時候。
- 別人覺得你激勵人心，是個有效的領導者，大家把你當成模範，你有技巧和權力基礎成功地訴諸大家的價值觀。

訴諸價值的方法

一、訴諸價值的效果和對方對於此價值重視的程度有直接相關，如果你對不可知論者訴諸宗教價值，就不太可能成功。如果對方半信半疑，你也不見得會成功。但如果對方很狂熱，而你的訴求又和他們所重視的事物一致，你不僅可以讓他們投入，或許還可以讓他們起身領導。所以，想要有效使用這個技巧，你需要知道對方重視什麼，尤其是**最重視**的事物。有強烈同理心的人，通常更能洞悉他人的價值觀，因為他們可以感應對方的情感，了解對方的感受。如果你先天沒有強烈的同理心，你需要仔細端詳他人；觀察，聆聽，學習對他們來說重要的事。

二、即使不是真心相信，還是可能講出貼切的話語。精神變態者通常能夠模仿對方重視的言行舉止，但這種偽裝很容易被識破。擅長訴諸價值的人是以真切的聲音表達，就像凱文．凱許曼（Kevin Cashman）說的：「誠摯不只是實話實說而已，而是言行一致……真實表達自我是以接納一切可能的方式分享真實的想法和感受。[4]」大多數的人都有足夠的直覺和「胡扯偵測器」，可以判斷誰在假裝誠意，或是主張自己並不真切相信的價值觀。如果你的不誠懇被發現了，你會因此失去所有的可信度和信任，所以要以真實的聲音訴說，你所訴諸的價值應該是你重視的。

三、想要有效訴諸價值，你必須言行一致。你的所作所為必須相互呼應，否則你會失去可信度。

四、你訴說的價值必須有道理，這表示你表達的價值不僅要一致，也會呼應多數文化認同的普世價值和信念。如果你在訴諸價值時，是以「貪婪有益」和「為達目的可不擇手段」等格言為基礎，你可能會失敗，因為多數人認為這樣的價值觀是可憎的。如果你的格言是「負責有益」、「教育是民主的基礎」，大家可能會認同你，但無法產生共鳴。不過，以下訴諸的價值可能會和多數人產生共鳴，因為那些想法相互呼應，很有道理。

負責有益，粗心有害。
地球是我們的家園，是我們的唯一。
我們對地球有責，必須保護它。
浪費有害／不負責任。
浪費有害地球。
我們有責任清理或消除浪費。
環保有益。

這些句子可能讀起來像合理的論述，但關鍵字顯示了價值：**有益**、**有害**、**家園**、**負責**、**保護**。想要有效訴諸價值，你必須確定你訴諸的價值彼此一致，反映了大家普遍認同的價值觀。

五、最擅長訴諸價值的人也很善於表達，擅長以活力和熱情清楚地說出自己的想法。為了有效傳達你對那些想法的參與和投入，你需要運用全部的工具：聲音、肢體、臉部表情。事實上，那些是你用字遣詞的表達方式。當你不傳達充沛的活力和熱情時，能夠有效溝通嗎？或許可以，但是使用豐富的非語言表達，展現有魅力的聲音，可以讓你傳達訊息的力道加倍，更有說服力。但也不要做過頭，不需要喊叫及拍桌以顯示熱情。舉起堅定的手，稍稍往前移動，是強調重點的好方法；不遲疑的聲音則可展現信心和承諾。邱吉爾、羅斯福、甘迺迪、金恩博士、歐巴馬都是動人演說的好模範。

為人表率

這是個有趣的實驗。你問人誰對他們的成長影響最大，他們以誰當榜樣？他們最希望自己像誰？這些回應可以讓你洞悉他們是什麼樣的人，以及他們的夢想與願望；同時也可以說明十種正派影響方式中最有意思的影響方式：為人表率。你使用這種方法時，你是當對方想要模仿的對象，或積極地教導、輔導對方或提供諮詢。當你為人表率時，你展現一種行為、思維或他人模仿的存在方式。為人表率的影響可能很強大，它反映出以往師徒制的學習與栽培方式，深深植根於人類的心靈中。在幼兒期，我們的生存和成長大致上是透過父母的示範與指導；往後的人生，則是接受許多老師的指引，他們的目的，是把我們轉變成健全運作的成人。

為人表率之所以有趣，在於你無法迴避它。不管你喜不喜歡，有沒有意圖，如果你有責任又有能見度，就是別人的榜樣。家長是孩子的榜樣，領導者和經理人是下屬的榜樣，政府官員是所有公民的榜樣，這也因此點出了為人表率的重點：不是所有榜樣都值得學習。查爾斯．曼森（Charles Manson，連續殺人犯）、馬多夫、安德魯．法斯陶（Andrew Fastow，安隆財務長）就是多數人不想效法的榜樣，他們是負面教材，大家引以為鑑的實例。當父母有酗酒的惡習，而小孩在成長過程中不勝其擾，他可能下定決心不要步上父母的後塵。曾經碰過老闆不誠實的人，日後自己創業時，可能會以誠信作為公司的主要價值觀。有時候，我們是以負面教材來定義自己不想變成什麼樣子，而不是把他當成學習的對象。總之，別人常以為人處事的方式及行為舉止影響我們的思維、理念或行為。

榜樣

我的榜樣之一是我的祖父喬治・貝肯（George Allen Bacon），他是個平凡人，先是在密蘇里州南部務農，後來去穀物研磨廠當勞工（在工廠中不幸截斷一隻手指）。以今天的標準來看，他一點也不世故，沒有雄心。他深受大家的喜愛，但沒有遊歷各地的豐富經驗。他的財產不多，書讀得也不多，對個人小圈子以外的事物也沒多大興趣。但他是我認識最親切、和善的人，眼裡閃耀著善良人性的光輝，舉手投足也充分傳達了善意。我學到的善良人性大多是從他身上學習的。

我的另一個榜樣是我從未見過的人：諾貝爾物理學獎得主理查・費曼（Richard Feynman）。費曼的好奇心及對人生的熱愛相當吸引我。他的人生是由許多小事物組成的非凡成就（他的出生

為人表率是當別人想要模仿的對象，或積極地教導、輔導對方或給予諮詢。當你為人表率時，你展現一種行為、思維或他人模仿的存在方式。

背景也很樸實）。我從他的身上學到：動力跟天分一樣重要，如果你不讓他人綁住你的定位，別人也就無法限制你的發展。他讓我看到大膽和尊重是一種強大的組合，我猜有很多人都把他列為最重要的影響人物。所以榜樣可能是你身邊最親近的人，也可能是你讀過或看過，但從未親身遇過的人。他們代表著一種理想、方向、可能、憧憬，對你有強大的影響力。

榜樣常透過工作、個人風格、指導來發揮深遠的影響力。巴赫（Johann Christian Bach）就是這樣的榜樣，他是古典作曲家巴哈（Johann Sebastian Bach）的第十一個兒子，也是最小的兒子。巴赫從小跟著父親習樂，父親過世後，繼續跟著兄長習樂。他出生於德國萊比錫，旅居米蘭多年，後來搬到倫敦，擔任喬治三世（美國獨立戰爭期間的英國統治者）之妻夏洛特皇后的音樂老師。一七六四年，巴赫在倫敦作曲與表演時，八歲的音樂神童莫扎特來造訪他。音樂史學家指出：「巴赫……對那男孩有重要及深遠的影響，巴赫在他的鍵盤樂器和交響樂作品中加入義大利歌劇的元素：優美的主旋律、高雅的裝飾音和三連音，以及模糊和聲。這些特色，再加上巴赫持續在協奏曲和奏鳴曲中運用對比旋律，吸引了莫扎特，變成他日後創作的一貫特質。一七七二年，莫扎特把巴赫的三支奏鳴曲組成鋼琴協奏曲。[5]」

同樣的，畢卡索在二十世紀也是藝術界的一大影響力。在畢卡索之前，繪畫的目的，是為了呈現自然界的三維（這是文藝復興時代以來的藝術傳統）。畢卡索的突破在於他從深層打破了三維的錯覺，而在平面上創作。他對西班牙畫家胡安．格里斯（Juan Gris）有很大的影響，格里斯主要是在巴黎生活及創作，他把畢卡索視為老師。他是那年代主要的立體派畫家之一，不過他是採用友人馬諦斯的明亮色彩，而非畢卡索的單色色調。荷蘭畫家蒙德里安（Piet Mondrian）也受畢卡索的影響，早期的作品是印象派和自然派。在他的藝術生涯中，他先是採用畢卡索和立體派的畫法，後來改用更偏離文藝復興傳統的風格：抽象派。隨後，蒙德里安變成歐美抽象藝術家的靈感和影響來源。音樂和藝術中的學派就是這樣影響後面的世代，先是指導可能的發展，接著變成創新形態的跳板。

在商業上也是如此。亨利・福特、安德魯・卡內基、山姆・沃頓（Sam Walton）、華德・迪士尼、摩根（J. P. Morgan）、艾弗雷德・史隆（Alfred Sloan）、威爾許、雷・克洛克（Ray Kroc，麥當勞連鎖事業創辦人）、約翰・洛克菲勒、湯馬斯・華森（Thomas Watson，IBM創辦人）、雅詩・蘭黛、賈伯斯、比爾・蓋茲、麥克・戴爾、喬治・伊斯曼（George Eastman，柯達創辦人）、威拉德・馬里奧（J. Willard Marriott，萬豪飯店創辦人）、巴菲特、可可・香奈兒都開創了新的商業思維，成為許多創業家和企業領導人的榜樣。在體育方面，蘭斯・阿姆斯壯、麥可・喬登、傑基・羅賓森（Jackie Robinson，美國職棒大聯盟史上第一位黑人球員）、比莉・珍・金恩（Billie Jean King，美國傳奇女網名將）、迪卓克森（Babe Didrikson）[1]、韋恩・葛瑞斯基（Wayne Gretzky）[2]重新定義了他們所投入的運動，同時啟發許多人提高標準，更嚴格地鞭策自己。牛頓、愛因斯坦、尼爾斯・波爾（Niels Bohr）[3]、維爾納・海森堡（Werner Heisenberg）[4]、達爾文、巴斯德、伽利略、居里夫人、佛洛伊德、拉瓦節（Antoine Laurent Lavoisier）[5]、哥白尼徹底改變了我們思考世界的方式，成為科學思想的先驅。在人類努力的各個領域中，模範塑造了數百萬人的行為，讓渴望效法他們的人，有了更高的目標。他們是深遠又強大的影響實例。

透過教導、輔導、諮詢以為人表率

領導者可以透過自我犧牲、遠大目標、面對困境的堅忍毅力、博學及對議題的深入分析來影響他人。他們可以透過創意天分、對市場行為的洞見、對團隊動態的理解、以及號召數千人共同追求遠大目標的能力來發揮影響力。蘇珊．安東尼以她對婦女選舉權的執著奉獻為基礎，成功地領導了一場革命。愛莉諾．羅斯福（Eleanor Roosevelt）以她對人權的無私投入鼓舞了聯合國。凱瑟琳．葛蘭姆（Katharine Graham）以她在《華盛頓郵報》的卓越領導，以及堅定捍衛新聞自由和完整性的作風轉變了報業。當然，老師和教練也是這種榜樣，他們除了教育我們以外，也以言行身教影響我們。

隆巴迪可說是史上最優秀的體育教練之一，他相信要指導一支優秀的球隊，必須當個好老師。「大家說這叫訓練，」他說，「但這其實是教導，你不只告訴他們該怎麼做，也讓他們了解原因所在，你要一再重複，直到他們相信、了解為止。[6]」隆巴迪從一九五九年到一九六七年訓練綠灣包裝隊，把這支積弱不振的隊伍訓練成常年的贏家。在他的領導下，包裝隊在一九六一年、一九六二年、一九六五年贏得全美足球聯賽的冠軍，一九六六年和一九六七年贏得第一屆和第二屆的超級杯。隆巴迪不僅以強烈的意見影響他人（第四章提到的直述法），他也覺得優秀的教練必須身體力行自己傳授的東西（換句話說，教練必須身先士卒，展現自己想看到的態度和行為。）「訓練就是推銷，」他說，「推銷就是教導，我的顧客不是球迷，而是球員，我必須先向他們推銷他們自己，然後讓他們接受小小的疼痛，因為小疼痛不僅是美式足球的一部分，更是人生的一部分。接著我必須向他們推銷這支球隊、這一季、這場比賽，讓每個人把這場比賽當成人生中最重要的事情看待。[7]」

隆巴迪在擔任教練前曾是老師，所以教導對他來說猶如天性般純熟，但很多的高階管理者缺乏教導的天分，也不覺得教導或輔導是自己的職責。這很可惜，因為教導是領導人以正派方法影響一大群人的最有效方法。密西根大學的商學院教授諾爾．提區（Noel Tichy）在其著作《領導引擎》（*The Leadership Engine*）中指出：「教導是領導的核心，事實上，領導者是透過教導來領導他人……教導是傳達想法與價值觀的方式，所以為了在組織的任何層級當領導者，你必須為人師表。簡單地說，如果你不教導，就毫無領導可言。[8]」此外，提區認為領導者必須有可教導的觀點，包括清楚的想法和價值觀，以及把那些想法和價值觀傳授給他人的能力。「想要影響與領導他人，就需要有可教導的觀點，那些想法和價值觀不僅形式上是可教導的，也是可以培育他人的。[9]」

以前領導是指「指揮和掌控他人」，現在不同了。領導者不是靠指揮他人完成任務來達成目

在人類努力的各個領域中，模範塑造了數百萬人的行為，讓渴望效法他們的人有了更高的目標。他們是深遠又強大的影響實例。

標，也不是靠施展威權，逼人參與和投入，而是清楚表達價值觀和願景，在溝通中訴諸那些價值觀，在行為上以身作則，指導他人如何達成目標。為人表率是當別人的模範，或是擔任老師、教練、顧問。這種方法適用在家裡，也適用在董事會裡，以下是使用這個方法的一些例子。

- 父母帶小孩去救濟所幫忙準備與供應午餐給貧民，之後他們一起討論當義工及助人的重要。
- 專業服務公司的執行董事以討論公司歷史、營運原則、致力提供優良客服等方式，歡迎各事業單位的新成員加入。
- 某家製造公司的執行長，常在員工餐廳裡和前台的員工用餐，詢問他們對事業的想法與建議，分享自己的觀點（她已經仔細想過並以簡單清楚的方式溝通）。公司注重的價值觀之一是開放溝通，她盡可能把握每次機會落實這一點。
- 醫療設備公司的首席科學家在即將退休時，寫了一份長篇報告，說明他在實驗室的三十年間所面臨的挑戰、成就和主要的學習心得。他擁有幾項專利，自行研發或領導團隊開發了一些公司的頂尖產品（他可能無意把這份報告當成指導工具，但這種回憶錄通常會啟發與激勵年輕的同仁）。
- 一家大企業的名譽董事長自願指導幾位深具潛力、可望升任高階職位的領導者。
- 一家多元企業的執行長經常出現在企業自辦的大學園區裡，為去那裡上領導課程的管理者解答疑惑。

- 一位在專業領域相當知名的女性，在社交場合中遇到另一位比自己年輕許多的女性，她建議那位女孩做自己最好的朋友，這個建議深深影響了那位年輕女性。

時尚明星艾希莉・歐森（Ashley Olsen）就遇過類似最後一個例子的狀況。她認識的知名女性是馮芙絲汀寶（Diane von Furstenberg），艾希莉在和雙胞胎妹妹瑪麗凱（Mary-Kate）合著的《影響力》（*Influence*）一書裡，寫了這段經歷。那本書訪問了許多影響艾希莉的名人，書中收錄了一系列訪談內容。有些讀者可能會覺得那只是富豪名人的自戀描寫，但那本書深入探討了榜樣如何塑造我們，幫我們界定自我、理念和憧憬。在序文中，艾希莉寫道：「無論是我的家人、友人、讀過上百次的小說或我最愛的畫作，其實我只是許多不同部分的總和，這也是這本書要談的東西。書中提到的每個人都給了我深刻的啟發、驚喜、支持和影響。他們的故事、工作和生活就像我的創意寶庫。[10]」

艾希莉・歐森和影響她的榜樣之一：湯米・席爾菲格（Tommy Hilfiger）

說我們是許多不同部分的總和，這一點也不為過。不管你是誰，你都受到數百人的影響。我們每個人都受到別人的生活、功績、信念、態度、教導、意見、支持、鼓勵、指導、對待我們及他人的方式所影響。這些東西在啟發、挑戰或吸引你的時候，也影響你目前的狀態及將來的演變。相反的，你也透過你的生活、功績、信念等等影響了無數的人。為人表率是普遍又強大的影響模式。

為人表率的實例

最擅長為人表率的人在別人眼中，使用這種影響方式的頻率比其他方式高。當我們把某人視為榜樣時，會隨時以那種方式看待他。把威爾許視為榜樣的奇異高階管理者，是把他當成執行長看待。當那些受訓的管理者在奇異的領導與學習中心克魯頓學院遇到他時，他們也把他當成老師和人生導師。威爾許從來不需要為了展現他的領導類型而改變行事作風，他只要做自己，就是在展現中階領導者自我期許的管理風格。

有關權力和影響力的研究顯示，擅長為人表率者使用其他的影響方法時，也比其他人有效許多。他們使用結盟、閒聊交際、請教諮詢、交換、訴諸價值等方法時，效果也是其他人的兩倍以上。他們之所以是好榜樣，是因為他們在許多方面都很卓越。

和為人表率最相關的權力來源是個性、交情、魅力、聲譽、知識、表達力。對有強大影響力的榜樣或老師／教練來說，他們的個性和聲譽是強大的權力來源，他們也有很大的吸引力，這些關連性很合理。不過，知識和為人表率如此相關就值得注意了，那表示一個人之所以成為有魅力的榜樣或老師／教練，有部分要看他的博學程度。然而，最有趣的是，為人表率和交情之間也密切相關，這表示多數的榜樣是我們早就認識、跟我們有關係的人。我回想自己的經驗，祖父是影響我很深的榜樣，這一點也不意外。我了解他，又經常和他互動，才會對他產生景仰和尊重。我讀過一篇文章，大意是說，多數死於交通事故的人，是在住家方圓三十哩內發生的。乍看之下很令人震驚，但是當你知道大家開車的範圍通常是住家附近方圓三十哩內時，就不會覺得奇怪了。為人表率也是如此，多數的榜樣也是在我們的生活、就學或工作的周遭；不過，偶爾我們的榜樣可能是不認識的人，只在紀錄片或文獻中讀過或看過。

和為人表率最密切相關的技巧，更凸顯出教導與輔導的重要：支持與鼓勵他人，主動示範他人怎麼做事，培養關係和信任，輕鬆交談，對他人展現真正的興趣，邏輯推理，表現自信，聆聽。為人表率要有效果，就必須培育及鼓勵他人，你需要主動教導、輔導或提供諮詢。

為人表率的黑暗面

前面提過，並非所有的榜樣都是正面的，很多人常做出不好的示範：惡言相向的父母讓孩子以為你可以那樣對待信任的人；蠻橫的老闆讓人以為只要有權就可以恣意妄為；業務經理對客人的承諾超出了公司能力所及，下屬可能以為這種道德上的瑕疵沒關係。在第五章中（討論動之以情的部分），我提到福斯特的故事，他是一群不良少年的首領，他們以「混世魔王」自居。福斯特比那群少年的年紀大，他充分展現了他們遭到排擠的憤怒感，他教他們如何以反抗社會及規則的方式建立自信。福斯特是這群少年的錯誤榜樣，但是當時在他們的生活中，他們以為只能依靠他。這個案例給我們的啟示是，你必須小心挑選崇拜的對象。當你發現自己深受某人吸引時，最好能退後一步，試著想想為什麼你覺得他令人欽佩，那方向長期而言對你來說，是否是最好的。

為人表率有什麼缺點

為人表率可能是影響深遠的技巧。為人表率有效時，可以激勵他人熱情投入理念或目標，甚至起而領導。不過，為人表率需要時間，無論你是教導、指導、提供諮詢或只是為人榜樣，都需要時間培養信任、尊重、欽佩，那是為人表率的基礎。另一個缺點是你必須行為一致，當榜樣、有任何能見度的人，隨時都在鎂光燈下，永遠都有人盯著看。那就像教養一樣，當你為人父母時，你全天候都是榜樣。當孩子跟你在一起時，他們會觀察、聆聽、學習你。在工作上也是如此，如果你管理或領導他人，或你是他人崇拜的對象，你每次和那些人互動時，就是在當榜樣。如果你的言行不一，他們可能不再崇拜你，或質疑你的可信度或人格。

為人表率的好時機

為人表率的關鍵重點，不是**何時**使用這種方法，而是何時**刻意**使用。如果別人拿你當榜樣，不管你喜不喜歡，你隨時都在使用這種方法。

- 當你對其他人有責任或領導他人時，就會用到這種方法。既然你躲不了，何不好好運用這個方法做對你有利的事呢？了解你希望其他人怎麼想、怎麼做，然後以身作則。如果你希望員工在服務顧客時更體諒顧客，你就應該展現出那是什麼樣子。如果你希望團隊成員彼此尊重，你就應該尊重他們。如果你希望員工正視你的營運原則並落實原則，你就必須身體力行。雖然這些都是常識，做起來卻比多數人想得更困難。
- 你需要栽培他人時，可以使用這個方法。一有機會就指導他人，和你想要栽培的人培養師徒關係，或找個適當的時機提供諮詢。
- 當你在鎂光燈下時，可以使用這種方法，因為那是多數人把你視為榜樣的時候。認清自己的言行舉止，展現出你希望他人也做到的行為。

為人表率的方法

一、說到做到，言行如一。
二、注意大家都在看你，以你為榜樣，所以你要努力展現正面的態度、信念和行為。
三、閱讀暢談教導的好書。當然，我比較偏愛《調整式教導》（*Adaptive Coaching*, Davis-black Publishing, 2003），因為我是合著者。不過，這方面有無數的資源。如果你在公司任職，人力資源部可能有教導指南或教導課程。
四、了解大家是否尊敬你以及如何尊敬，知道在那個領域中當模範是什麼樣子，努力達到那樣的特質。

五、如果你的組織裡有師徒計畫，就去報名參加。為人師表是影響他人的好方法。

六、同樣的，如果你有機會教導他人就把握機會。一些卓越的高階管理者都在企業內部的大學或領導課程中授課（例如奇異的威爾許、百事可樂的羅傑·恩里克〔Roger Enrico〕、英特爾的葛洛夫）。無論你是否實際授課，你可以規劃一套可以傳授的觀點，在適當的時機和人分享。

觀念精粹

一、兩種感性的影響方法是訴諸價值和爲人表率。這些啓發型的影響方法最可能讓人投入或領導，但效果要看影響者和被影響者的價值觀是否一致而定。

二、訴諸價值和爲人表率可以一次影響很多人，所以這兩種方法是政治人物和宗教領袖偏愛的方法。

三、訴諸價值和講理相反，前者是訴諸於心，後者是訴諸於腦。

四、訴諸價值之所以成功，是因爲那和人內心深處難以言喻的感受產生共鳴。訴諸價值可以激勵他們，因爲那呼應了他們重視的事物，讓他們的生活有了意義，激勵了他們的靈魂。

五、爲人表率是當別人想要模仿的對象，或積極地教導、輔導對方或給予諮詢。當你爲人表率時，你展現一種行爲、思維或他人模仿的存在方式。

六、爲人表率之所以有趣，是因爲你無法迴避。不管你喜不喜歡，有沒有意圖，如果你有責任及能見度，就是別人的榜樣。

七、領導者可以透過自我犧牲、遠大目標、面對困境的堅忍毅力、博學及對議題的深入分析來影響他人。他們可以透過創意天分、對市場行爲的洞見、對團隊動態的理解、以及號召數千人追求遠大目標的能力來發揮影響力。

延伸思考

一、誰啓發了你？想想誰帶給你最大的啓發，你覺得他們最鼓舞人心的地方是什麼？

二、你啓發了誰？誰崇拜你，對你感到欽佩？他們覺得你哪方面鼓舞人心？

三、哪些價值觀對你最重要？如果有人以訴諸你的價值觀來影響你，哪種訴求對你影響最大？哪種訴求對你最有共鳴？哪些價值觀無法引起你的共鳴？哪些會導致你產生負面反應？

四、想想跟你共事或爲你效勞的人，他重視什麼價值觀？他最容易和什麼產生共鳴？

五、思考你未來需要影響他人的重要情境。假設你必須使用訴諸價值的方式，你會訴諸什麼價值？你會怎麼做？什麼會讓你成功影響對方？

六、你成長過程中，誰對你影響最大？你的榜樣是誰？你最希望自己跟誰一樣？你欣賞他們的哪些特點？

七、誰把你當成榜樣？爲什麼？你有什麼特質是別人想起而效尤的？

八、你是好榜樣嗎？爲什麼是或爲什麼不是？你始終言行如一嗎？想成爲更有效影響他人的榜樣，你需要做些什麼改變？

九、你是有效的教師、教練、輔導者嗎？你花多少時間爲人師表，栽培其他人？

十、你有可以傳授的觀點嗎？如果有，那是什麼？你能用精簡的言語說明嗎？核心訊息是什麼？把那訊息傳達給他人的最佳方式是什麼？

十一、想像和第五題一樣的情境，這次你必須使用爲人表率的方法，你會怎麼做？你需要怎麼做才能當好榜樣？

十二、思考你在假設的影響情境中練習的兩種情況，哪種啓發型的影響方法對你最有效？爲什麼？

〔譯者注〕

[1] 美國運動員，可能是史上最全能的女子運動員，在高爾夫球、籃球與田徑方面都有傑出的成就。

[2] 有冰球皇帝之稱。

[3] 丹麥物理學家，因原子結構和原子輻射的研究，獲得一九二二年的諾貝爾物理學獎。

[4] 德國物理學家，量子力學的創始人之一。

[5] 人稱化學之父。

第八章　提升影響力

如何變得更有影響力

如果你在讀這本書，你的目標想必是為了提升影響力。具體來說，你可能想要對老闆更有說服力，更有效地管理下屬（而不想訴諸權威），或是對同儕或顧客更有影響力。又或者，你可能在非營利組織上班，想改善你對捐款者的說服力；或是你被指派到海外分公司任職，想在那個文化中有效地發揮影響力；也許你只是希望讓孩子做你所要求的事情。無論如何，本章都很適合你。本章之前的內容是基礎，接下來我想歸納你能採取的行動及培養的技巧，以提升你影響周遭或世界各地人民的能力。

記住我在本書一開始說的：你無法隨時說服每個人做你希望的事，即使是全球最強勢的人，也無法每次都成功影響他人。不過，你可以提升影響組織內外對象的能力，可以在本書的第二單元學習更有效善用正派的影響方法。第二單元的最後一章會探討八種提升影響效力的工具：(1)建立權力基礎；(2)改善人際關係和地位；(3)挑選合適的影響方法；(4)培養影響技巧；(5)善用他人的決策偏誤；(6)跟著對方的運作類型調整方法；(7)適應文化差異；(8)為重要的影響挑戰做好準備。

本章最後以「影響效力自我評估」作結，這項評估可幫你估算使用十種正派影響方法的效力。

建立權力基礎

在第二章中，我介紹了TOPS公式，這公式說明你影響他人的效力跟組織和個人的權力來源密切相關，也跟你使用影響方法的技巧有關，所以提升影響力的一大工具是建立權力基礎（附錄A將說明權力來源）。表8-1歸納出培養這些權力來源的難度，以及各種權力來源對影響效力的可能貢獻度。

在這張表中，「難度」一欄是指培養各種權力來源有多困難。我的資料是根據六萬四千位受試者及三十幾萬名受訪者得出來的調查結果，反映出資料庫的平均值。雖然根據研究顯示，資源是最難培養的權力來源，但某些人可能會覺得培養資源很容易。「可能貢獻度」這一欄，是顯示每個權力來源對影響他人的能力有多大的貢獻，這些結果也是平均值。不過，從這個表中，我們可以學到一些重要的啟示。

首先，提升影響力的主要來源是五種高貢獻度的

表 8-1 權力來源的難度和可能貢獻度

權力來源	形態	難度	可能貢獻度
人脈	組織	高	很高
知識	個人	中	很高
聲譽	組織	中	很高
個性	個人	低	很高
表達力	個人	低	很高
角色	組織	高	高
資訊	組織	高	高
魅力	個人	中	中
資源	組織	很高	低
交情	個人	低	低

權力來源：人脈、知識、聲譽、個性、表達力。所以你應該先專注於建立這些權力來源。個性和表達力是比較容易培養的權力來源，有很高的貢獻度，所以是培養影響力的強效工具。學習講對話，以確保你展現健全的人格。知識則需要你對自己做更多的投資，但報酬也很大。只要你以有助於培養聲譽的方式持續地工作和行動，聲譽自然而然就會變好。

這讓我想起我有幸在一場大會上認識的一位管理合夥人，他任職於某大管理顧問公司。他對一群年輕的經理演講，其中一名經理問他，在公司裡要做什麼才能升遷。那位管理合夥人的回答很有啟發性：「你需要為自己創造出需求，」他說，「把工作做好，就可以為自己創造需求。」聲譽就是這樣累積的。你持續把工作做好，大家就會注意到並且口耳相傳，那些只想把優秀人才納入團隊的資深人士就會需要你。或許你曾經和想升任經理卻做事平庸的人共事過，或是你認識這樣的人。把那樣的人拔擢到要承擔更多責任的位置合理嗎？當然不合理。在組織裡，聲譽是源自於一致的個性、持續的貢獻、團隊合作、忠誠和致力的投入。

交情是比較容易培養的權力來源，但是表8-1顯示他的可能貢獻度低，那是因為交情只能用在熟人身上，跟你很熟的人畢竟是少數。不過，交情對那些人的影響效力可能很大，所以別忽略了交情的力量。深入認識正確的對象是培養影響力的有效方法。角色、人脈、資訊是比較難培養的權力來源，但是報酬（從影響力來看）很大。

重點在於，想要提升影響力，你需要培養權力來源。有些權力來源比較好培養，如果你能選擇，就鎖定貢獻度較高的權力來源，即使難度較高也無妨。表8-1沒有列出的一個權力來源是**意**

志，那是最強大的權力來源，是以你想要更強大的欲望、施展意念的勇氣、實踐目標的行動為基礎。當你**選擇**提升影響力時，就會變得更有影響力，這一切都操之在你。

改善人際關係和地位

我們的影響力常不及我們所想要的程度，因為我們和對方沒有良好的關係，或不是處於有利的地位。影響力的經驗法則是，如果對方認識你、喜歡你、尊重你、信任你，你更有可能影響對方。

讓人認識你

影響認識的人比影響不認識的人簡單多了，所以你應該努力讓人認識你。如果你是在企業或專業組織裡工作，你可以增加你在組織內的能見度。主動自我介紹。當你認識對方時，也讓對方認識你。我的研究顯示，善於和陌生人友善地交談、拉近關係的人，他們的影響力是其他人的兩倍多。全世界的人天生就懂這個技巧，所以閒聊交際是全球最常使用的影響方式。如果你先天不善交際，這就是你該培養的重要技巧。

讓人喜歡你

有時候，你認識對方，但你對他的影響力還不夠大，因為你們就是不對盤。多年前當我還年輕單身的時候，朋友介紹我認識一名年輕女子，我們約會了一段時間。她人不錯，有魅力，我們努力交往，但就是走不下去。我們不知怎的就是會惹毛對方，不管我們說什麼或做什麼就是不對。我們兩個之間沒有默契，這不是她的錯，也不是我的錯。我們只是不適合彼此，所以後來就分手了。我在職場三十年，和一些同仁及客戶也有過類似的情況。儘管大家都沒有惡意，但是我們就是不對盤，不喜歡對方。

魅力是很大的權力來源，部分是源自於喜歡的心理，我們比較容易接受喜歡的人對我們的影響。所以想要提升影響力，你應該盡量讓對方更喜歡你。當然，每個人先天都有一些天賦或缺陷，但你應該盡量展現你的特質。整齊的儀容、良好的姿態、服裝和禮儀，都可以讓你變得更有魅力。在商場上還有人生的許多領域中，這些事情都很重要。討人厭的人際互動方式也是同樣的道理：太強勢、傲慢、自誇、自我中心、粗魯、無禮等等都可能讓人反感。性格是好感度的重要組成。

讓人尊重與信任

信任和尊重主要是看個性、可信度和信心。你是透過勇氣、誠信、信賴，以及其他的個性特質來培養個性；透過知識、資訊的取得、角色、聲譽（工作道德、結果和貢獻是重要的因素）來培養可信度；透過展露自信、持續創造優異的結果、做明智的決定和判斷來培養信心。如果你是事業或專業組織的成員，當你積極參與、投入企業時，大家也會信任和尊重你。讓人喜歡、受人尊重、盡可能讓自己變得不可或缺，可以讓你變得更有影響力。

挑選合適的影響方法

有些人會過度使用某些影響方法，長期下來影響力反而不彰，因為他們並未充分運用所有的工具。例如，工程師、科學家、技術人員常過度依賴講理的方式。講理雖然實用，但在很多的情境下行不通。為了擴大你的影響力，你應該在適當的情境下使用合適的方法。在有關權力和影響力的研究中，我發現多數人通常只用十種方法中的三、四種。他們因為太常使用那些方法，所以運用時技巧比較純熟。相反的，其他較不常用的方法則不太習慣，因此形成惡性循環：你不擅長某個方法，所以不常用；不常用，因此更不純熟。為了提升影響力，你可能要改善那些你在使用不熟悉的影響力技巧。表8-2顯示熟悉各種影響方法的難

表 8-2 影響方法的難度和可能貢獻度

影響方法	類型	難度	可能貢獻度
結盟	社交	高	很高
交換	理性	很高	很高
以法為據	理性	很高	很高
訴諸價值	感性	高	很高
為人表率	感性	中	高
請教諮詢	社交	中	高
動之以情	社交	很高	高
閒聊交際	社交	低	中
講理	理性	低	低
直述	理性	低	低

度，以及各種影響方法的可能貢獻度。

這個表顯示的訊息很有意思，五大強效影響工具（亦即全球最常用、最有效的影響方式）反而是列在表格的底部（請教諮詢、動之以情、閒聊交際、講理、直述）。可能貢獻度很高的四種方法反而比較不常用，**平均而言**也不像五大工具那麼有效，為什麼？因為他們不常用，所以一般人不熟悉。不過，擅長使用結盟、交換、以法為據、訴諸價值的人，整體影響力也比不常用這些方法的人高。總之，如果你學會善用這些方法，你的影響力將會大幅提升。

這裡給我們的一大啟示是：最厲害的影響者擁有全套工具，他們擅長運用這十種方法，知道何時該用哪一種。此外，如果一種方法行不通，他們會改用其他的方法，而不是繼續使用行不通的方法。愛因斯坦說，所謂的瘋狂，就是一直做同樣的事情，卻希望得到不同的結果。然而，影響方法有限的人通常就是這樣。在前面幾章中，我提到使用這十種正派影響方法的最適當時機。當你在適當的時機使用合適的方法而又技巧純熟時，影響力比較大。

培養影響技巧

在我的權力與影響力研究中，我衡量受試者對二十八種技巧的純熟度相對於影響效果。我把相關的技巧歸納成四類：**互動**、**自信**、**人際關係**、**溝通和講理**，如附錄A的技巧表所示。

這個有關影響技巧的研究得出一個有趣的結果：化解衝突和協商之類的互動技巧可大幅提升

影響力，但也最難培養。化解衝突不是一般人擅長的簡單技巧，但是善於化解衝突的專家，影響力高出許多，為什麼？很多人都不喜歡衝突，所以沒有培養化解衝突的技巧和手腕。不過，最主要的原因可能是因為化解衝突是一套複雜的技巧，需要一次影響一個人以上。多數互動技巧都是如此，所以技巧難度高，對影響力的可能貢獻度也高。

你應該找出附錄A中哪些技巧是你最擅長的，哪些是你所不擅長的。培養影響力的一個明顯方式，就是培養你最不純熟的技巧，尤其是貢獻度最高的技巧。不過，你也不該忽略貢獻度最低的技巧，在適當的情境中，勝負之差可能就是靠那個技巧。我前面提過，擅長和陌生人友善交談的人，整體的影響力是其他人的兩倍，即使這個技巧的可能貢獻度低。就像所有的影響技巧一樣，「低」只是相對而言罷了。

善用他人的決策偏誤

我前面提過，我們並不像自己所想的那麼理性，容易受到第一印象的影響，受安慰劑效應的愚弄，以為外貌出眾者比較精明善良。我們會觀察群眾反應，以決定自己要如何思考與行動；一旦承諾以後，就討厭改變心意。過去幾年，出現一些書籍探討說服的心理，以及影響人類決策的非理性因素。[1] 如果你了解這些偏誤，有時可以善用這些偏誤來影響他人，但坦白講，最關注這些偏誤的是行銷人員。不過，如果你注意以下幾點，還是可以提升你在某些情況的影響力。

- 好感度與同類相吸。我們比較可能答應認識與喜歡的人，那是對交情的心理偏誤，也是動之以情法如此強大的原因。如果你能讓別人喜歡你或產生共鳴，你對他的影響力就提升了。
- 承諾與一致。人類非常需要一致性，所以一旦做了承諾，通常內心會有動力信守承諾。你只要讓對方做出小小的承諾，那種心理偏誤就對會你有利，因為他會努力維持一致。那承諾最好是書面的或公開的。
- 社會認同。人們需要覺得自己的想法和行動和別人及社會相容，所以會在想法和行為上尋求社會認同。你可以說這是一種同儕壓力，不過這種偏誤還有其他的流行說法，包括：從眾、一窩蜂、有團隊精神、很酷或很炫，或其他用來形容做群體認同事物的新俚語。你可以指出別人在做什麼，藉此使用結盟法，善用這種偏誤。在組織中，人的立場一旦靠向某個方向，在社會認同的驅動下，就很難反對了。[2]
- 權威。從一九六〇年到一九六三年，耶魯大學的心理學家史丹利・米爾格倫（Stanley Milgram）做了一連串知名的實驗，他要求參試者在實驗對象（其實是米爾格倫的研究人員）答錯時，施加愈來愈強的電擊。即使實驗對象已經露出痛苦的神情（他是偽裝的），多數的參試者仍會持續施加電擊。[3]有些人抗議時，實驗的主持人（扮演權威的角色）會告訴他們必須繼續下去，所以多數人照著做了。米爾格倫的實驗顯示，多數人通常會尊重與服從權威，即使違背道德觀念和判斷力還是照做不誤。以法為據就是以這種心理偏誤為基礎，當你使用權威時，你會更有影響力，但是有效使用權威可能很難。使用權威又不給人高壓的感覺是很難掌握的技巧。

- 沉沒成本偏誤。多數人的心理是避免損失的，他們之所以繼續採取某種行動（例如投資決策）是因為沉沒成本。即使未來的成功機率很低，他們也不想改。賭博者有時會被這種謬論所騙，一旦他們投入夠多的資金，即使贏的機率微乎其微，為了回本，他們還是會繼續加碼。人一旦走上這條路，就不願改變方向或承認失敗。有時你可以向對方指出他們已經投入多少，或是結果對他們有多大的影響，並藉此影響他們。如果他們退出，就放棄了回本的機會。
- 互惠。人們總是習慣禮尚往來，投桃報李。如果不互惠，可能會遭到排擠，所以互惠和社會認同有關。因此，你可以幫對方一點小忙或是幫他多想一想，從而影響他。他們會覺得有義務回報。有趣的是，如果你請對方幫忙也有同樣的效果。你給對方機會幫你一個忙，他們會對你更友善，未來更有可能答應你的要求。
- 稀有性。大家對稀有的東西通常比較重視，即使他們並不需要那些東西。行銷人員打出「限量」廣告，就是運用這個原則。零售商每次拍賣時都是用這一招。當大家覺得東西只在一定的時間內供應或限量供應時，就會更重視那樣東西。藝術家創作原版畫作時，就是利用這個原則，然後再提供限量的複製畫。為複製畫編碼（例如99／150是指一版僅一百五十份，這是第九十九份）可提升大家認知的價值。所以在適當的情況下，你可以讓你提供的東西變得更稀少，讓你更有影響力。
- 定錨效應。我們很容易受到第一印象及某事物的第一價值所影響。例如，當協商者說「這東西的一般價格是一千元」時，這就產生了定錨效應，這個數字變成了後續討價還價的基準，後續提出的價格都是和此一標準做比較。研究顯示，定錨可以強烈影響他人對價值的看法，所以如果你先定錨，就會更有影響力。同樣的，研究顯示，我們都深受第一印象的影響，所以給人良好的第一印象，或是讓對方第一次接觸你的提案時就留下好感很重要。

以上只是一些影響大家決策的心理因素，注意這些因素可以讓你更有影響力。不過，我在本書中沒有詳細探討這些因素，有兩個原因：第一，多數人只要建立權力基礎、了解十種正派的影響方法、培養影響技巧，並不需要對人類決策的心理偏誤有深入的了解，就能夠大幅提升影響力。第二，過度運用這些心理因素來幫助自己，可能很像在操弄對方，我們將在第十章討論這種情況。馬多夫騙了投資人數十億美元，他就是擅長運用權威、稀有性、社會認同、好感度來圖利自己的專家。這不表示善用人類決策的偏誤是不道德的，但是當影響人的目的是操弄與欺騙時，就可能是不道德的。

跟著對方的運作類型調整方法

運作類型不同的人，回應影響方法的風格想必也不一樣，我的研究也證實了這一點。為了找出運作類型，我使用眾所熟悉的邁爾斯—布里格斯性格分類指標（Myers-Briggs Type Indicator，簡稱ＭＢＴＩ），這個工具可從諮詢心理學家出版社（Consulting Psychologists Press）取得，是全球最著名、也最常用的運作類型偏好指標。這裡我假設讀者們都很熟悉這個架構了。[4]我研究十六種類型的人對十種正派影響方法的反應程度，結果如表8-3a和表8-3b所示。

這些表格顯示，ＩＮＴＪ型（ＭＢＴＩ給內向、直覺、思考、判斷者的代號）喜歡被詢問，不喜歡被告知。他們通常對請教徵詢、講理、訴諸價值法的反應比較好，使用結盟、以法為據、為人表率法（教導／輔導他）的效果通常不好。ＩＮＴＪ是最獨立的類型，非常有自信，不太在乎權威。相反的，ＥＮＦＰ型（外向、直覺、情感、理解者）對請教諮詢的反應最好，但也會受到動之以情、閒聊交際、

表 8-3a 八種 MBTI 運作類型，及他們對十種正派影響方法的反應程度

	ISTJ	ISTP	ESTP	ESTJ	INTJ	INTP	ENTP	ENTJ
以法為據	◕	◕	◕	◕	○	○	○	◐
講理	◕	●	◕	●	◕	●	◕	●
動之以情	◐	◐	◐	◐	◐	◐	◐	◐
閒聊交際	◐	◐	◐	◐	◐	◐	◐	◐
請教諮詢	◐	◐	◕	◕	●	◕	●	◕
直述	●	◕	◐	◕	◐	◕	◐	◕
訴諸價值	○	○	○	○	◕	◕	◕	◕
為人表率	◐	◐	◐	◐	○	○	◐	◐
交換	◕	◕	●	◐	◐	◐	◐	◐
結盟	○	◐	◕	◐	○	○	◐	◐

圖示符號

○ 在正常情況下不太可能有效

◐ **不錯**的方法，但可能不是你的最佳選擇

◕ 對這類型的人是**比較好**的方法

● 在正常情況下**最好**的影響方法

訴諸價值、交換、結盟法的影響。他們對講理較沒反應，對直述法常會產生反感。

當你了解MBTI，又善於判斷對方的運作類型偏好時，這些表格顯然最有用。如果你不太熟悉MBTI，那就運用常識吧：面對講究邏輯或受過理工教育的人，就使用講理法；對那些尊重權威的人，就以法為據；對比較感性或價值導向的人，就訴諸價值；閒聊交際可以套用在任何人身上，尤其是先天比較外向、愛交際的人；對於容易正面回應自信者的人，可使用直述法；對容易和人協商合作或期待合作能換得好處的人，可使用交換法。最有效的影響者會跟著對方的偏好、個性與反應來調整。

表 8-3b 另外八種 MBTI 運作類型，及他們對十種正派影響方法的反應程度

	ISFJ	ISFP	ESFP	ESFJ	INFJ	INFP	ENFP	ENFJ
以法為據	●	◕	◕	●	◐	◐	◐	◐
講理	◐	○	○	◐	○	○	○	○
動之以情	◕	●	◕	◕	◕	◕	◕	◕
閒聊交際	◕	●	◕	◕	◕	◕	◕	◕
請教諮詢	◐	◐	◐	◐	◕	◕	●	●
直述	◐	○	○	◐	○	○	○	○
訴諸價值	◕	◕	◕	◕	●	●	◕	◕
為人表率	◐	◐	◐	◐	◕	◕	◐	◐
交換	◕	◕	◕	◕	◕	◕	◕	◕
結盟	◕	◕	●	◕	◐	◐	◕	◕

圖示符號

○ 在正常情況下不太可能有效

◐ **不錯**的方法，但可能不是你的最佳選擇

◕ 對這類型的人是**比較好**的方法

● 在正常情況下**最好**的影響方法

適應文化差異

就像你應該跟著對方的運作類型調整一樣，如果你跟著雙方的文化差異調整，也會更有影響力。在我的研究中，我主要是把焦點放在國家的文化，不過公司或組織的文化也是決定影響方式及影響反應的重要因素。文化是指人民及團體共同的價值觀、規範、態度和信念，那會影響他們互動的方式，也影響他們如何應對文化以外的人。文化通常會影響決策方法、決策者、決策要素、以及左右決策者的人。

組織文化的知名思想家包括吉爾特·霍夫斯泰德（Geert Hofstede）、艾德格·席恩（Edgar Schein）、泰倫斯·迪爾（Terrence Deal）、艾倫·甘迺迪（Allan Kennedy）[5]。這些作家通常根據集權程度、溝通方式、文化的拘謹度、競爭度、風險接受度、環境中回饋的多寡、成員之間的信賴度等因素，來界定組織文化的特質。深入探討企業文化的模式，以及這些模式對影響力的改變，已經超出本書的範圍。這邊我只想說，想在組織內成為最有影響力的人，必須了解組織的運作方式並跟著調整，權力和權威在組織成員之間的分配，大家扮演的角色，誰負責做多種決定或誰對決定有所貢獻，對組織成員來說什麼最重要（換句話說，就是文化重視什麼，以及那些價值觀如何強化）。

從以上簡單的探討可以清楚看出，組織文化是個複雜的議題。但是當你想影響組織裡的人時，不需要把「跟著組織文化調整」這件事複雜化。你只需要注意第一章所提過的兩點。切記，定律七說：一般人對自己也會使用的影響方法最有反應。定律八說：留心注意，每個人都會透露出他覺得最有影響力的方式。為了適應不同的文化調整，你需要尊重文化差異，並了解這些差異是重要的。接著你需要注意觀察你所進入的文化或工作文化，注意當地人如何互動、如何取得與運用資訊、評估替代方案時覺得什麼重要、如何解決問題與作出決策，最重要的是，他們如何影響彼此。他們用在彼此（以及你）身上的影響方法，很可能是他們反應最佳的方法。你不需要是組織文化的專家，只要對差異有足夠的敏感度就行了，然後觀察、聆聽、跟著做出調整。

關於權力與影響力的文化差異，進一步的研究可參考附錄B及www.terryrbacon.com或www.theelementsofpower.com。

為重要的影響挑戰做好準備

最後一個提升影響力的強大工具，是為了重要的影響意圖做好準備。顯然，當你做重要的簡報、和老闆進行重要的討論、和顧客或捐款者開重要的會議、出席重要的場合，而你需要盡量發揮影響力及說服力時，都會事先做好準備。在此情況下，以下的問題可以幫你分析情況，規劃出最可能成功的方法。

一、我想在此影響意圖中達成什麼？理想的結果是什麼？

二、我想影響誰？我對他們有多了解？他們對我又有多了解？我跟他們有交情嗎？他們對我有回報的義務嗎？他們有欠我人情或我欠他們人情嗎？

三、我跟他們的關係如何？我們之間有多親密或疏遠？他們怎麼看我或我所提出的議題？他們喜歡我嗎？尊重我嗎？信任我嗎？如果不是，我現在該怎麼做？我該如何在他們眼中展現出最好的自己？

四、他們有答應的自由嗎？如果沒有，誰有自由決定？我確定找對影響的對象了嗎？

五、他們答應我對自己有利嗎？這符合他們的價值觀嗎？如果不是，我如何克服這個障礙？

六、請回答下列問題：**為什麼**他們會答應或不答應？他們答應有什麼好處？他們不答應會損失或得到什麼？（影響的成功關鍵是順勢而非逆勢而為。但是如果你真的必須逆流而上——換句話說，如果對方答應你會對他自己不利——你最好事先知道並預作準備。）

七、我跟他們合作過，以前能影響他們嗎？哪些東西行得通，哪些行不通？現在又有什麼不同？

八、他們如何影響其他人？他們通常使用什麼影響方式？他們對什麼方式有反應？他們的工作環境透露出什麼訊息？他們的運作類型顯示用什麼方式影響他們最好？

九、他們的國家或組織文化顯示如何接觸他們、哪種方法最好？應該避免什麼？

十、根據已知的資訊，哪種影響方法是最佳選擇？如果那些方法行不通，還有哪些替代方案？

十一、根據我選擇的影響方法，我已經具備一切的知識，足以提出很好的論點了嗎？以下是一些進一步的問題：

- 講理：哪種論點對他們最有吸引力？我具備所需要的事實或資訊了嗎？哪種證據最能支持我的論點？我還需要佐證的圖畫、圖表或其他的視覺工具嗎？
- 以法為據：他們最尊重哪種權威？我如何在不讓人覺得強勢下引用那些權威？
- 交換：如果他們願意交換，我可以提出什麼來交換，他們可能提出什麼？從他們的觀點來看，什麼可能是公平的交換？
- 直述：他們對堅定陳述有反應嗎？哪種想法最適合用直述的方式？
- 請教諮詢：我能問的最深刻或最發人深思的問題是什麼？我如何以發問的方式讓他們一起思考解決方案，進而支持這個方案？我如何讓他們覺得自己對這個解決方案也有擁有權？
- 動之以情：我跟他們熟到足以依賴交情嗎？根據我們目前的關係，問什麼是恰當的？
- 閒聊交際：他們願意和人閒聊交際嗎？那是他們的文化嗎？這種情況下最適合閒聊些什麼？我們有什麼共通點可以拿出來聊？
- 結盟：他們曾和人合作或結盟過嗎？哪種結盟最適合這種情況？要跟誰結盟？如何把適合的人匯集在一起？如何運用那聯盟？
- 訴諸價值：他們的文化重視哪些價值觀？他們如何在行動中展現價值觀？我應該訴諸哪些價值觀？
- 為人表率：他們的文化推崇哪些榜樣？他們尊敬誰？哪種行為或思考方式需要榜樣？誰最適合這樣做？

十二、他們可能對我的要求或提案提出什麼反對意見？面對這些假設性的反對意見，我最好用什麼方式因應？

十三、我的要求會太多了嗎？或是太少了？他們會覺得這些要求對他們來說是多大的事？我可以讓他們先投入比較小的部分嗎？

十四、我已經準備好做出最佳提案了嗎？如果還沒有，我該如何改進？

十五、萬一碰到阻力，我已經準備好說明為什麼效益會大於風險了嗎？

這些問題可以幫你釐清想要影響的對象，幫你充分發揮影響力。

本章顯示你有很多的工具可以提升你對他人以及組織的影響。影響效果是由權力、方法、技巧、靈活調整度所決定。你不可能每次都成功，但是使用這些工具，可以幫你增加成功的次數。

影響效力的自我評估

你影響他人的效力如何？左頁的這份自我評估表可以幫你衡量使用十種影響方法的效果。就像其他的自我評估工具一樣，你對自己愈坦白，衡量的結果就會愈精準。回答這四十道問題時，請盡量真實地作答。

影響效力的自我評估

★以 1 到 10 來評估每項敘述的貼切程度。1 表示非常不貼切，10 表示非常貼切。

理性的影響方法

講理

1. 我是很重邏輯的人，喜歡邏輯思考，擅長爲結論或要求提出完善的理由。
（非常不貼切） 1　2　3　4　5　6　7　8　9　10 （非常貼切）
2. 我只要說明我想要什麼及原因，幾乎都能說服每個人答應我的要求。
（非常不貼切） 1　2　3　4　5　6　7　8　9　10 （非常貼切）
3. 我很擅長匯集需要的證據來佐證我的想法、結論和提案。
（非常不貼切） 1　2　3　4　5　6　7　8　9　10 （非常貼切）
4. 我很擅長製作有說服力的圖表、圖形和其他的視覺輔助工具來佐證我的論點和簡報。
（非常不貼切） 1　2　3　4　5　6　7　8　9　10 （非常貼切）

講理得分 ________

以法為據

5. 我認識及共事的人大多很尊重權威。
（非常不貼切） 1　2　3　4　5　6　7　8　9　10 （非常貼切）
6. 我很擅長引用權威，讓我想要的事物合法化，而且不會讓人覺得有壓力或受辱。
（非常不貼切） 1　2　3　4　5　6　7　8　9　10 （非常貼切）
7. 我發現，當大家知道我的決定或要求已經獲得管理高層的支持時，多數人的反應也比較正面。
（非常不貼切） 1　2　3　4　5　6　7　8　9　10 （非常貼切）

（續下頁）

8. 我有權威的光環，當我說我想要的東西已經獲得授權或批准時，多數人都會接受。
（非常不貼切） 1 2 3 4 5 6 7 8 9 10 （非常貼切）
以法為據得分 ________

交換

9. 我是經驗豐富又熟練的協商者。
（非常不貼切） 1 2 3 4 5 6 7 8 9 10 （非常貼切）

10. 我常幫助朋友和同事，他們也幫了我不少。
（非常不貼切） 1 2 3 4 5 6 7 8 9 10 （非常貼切）

11. 我很擅長談判和交易，我通常都能促成皆大歡喜的交易。
（非常不貼切） 1 2 3 4 5 6 7 8 9 10 （非常貼切）

12. 我認爲善有善報，所以我盡量幫助每個人，和大家合作，我發現當我想要或需要某些事物時，大家通常也會幫我。
（非常不貼切） 1 2 3 4 5 6 7 8 9 10 （非常貼切）
交換得分 ________

直述

13. 我很擅長主張我的觀點，又不會讓人覺得強勢或無法反對我的見解。
（非常不貼切） 1 2 3 4 5 6 7 8 9 10 （非常貼切）

14. 大家覺得我是很有自信的人，他們通常都會接受我的觀點，不加以質疑。
（非常不貼切） 1 2 3 4 5 6 7 8 9 10 （非常貼切）

15. 我喜歡分享點子及告訴別人我怎麼想，即使他們不認同我的看法也沒關係。
（非常不貼切） 1 2 3 4 5 6 7 8 9 10 （非常貼切）

16. 我在組織裡有權威，我只要說我希望他們做什麼，他們就會去做。
（非常不貼切） 1 2 3 4 5 6 7 8 9 10 （非常貼切）
直述得分 ________

社交型影響方法

閒聊交際

17. 我很外向，很容易和剛認識的人聊起來。
(非常不貼切) 1 2 3 4 5 6 7 8 9 10 (非常貼切)

18. 我是很好的聆聽者，有人對我訴說時，我都很投入，不僅記得他們告訴我的重點，也記得他們所說的細節。
(非常不貼切) 1 2 3 4 5 6 7 8 9 10 (非常貼切)

19. 我很容易交朋友，我喜歡跟人互動，和人聊天，發掘彼此的共通點。
(非常不貼切) 1 2 3 4 5 6 7 8 9 10 (非常貼切)

20. 當我們先花時間聊一下之後才談正事時，在這樣的會議中我比較自在。我比較喜歡先熟悉對方，也喜歡他們先認識我之後再談交易。
(非常不貼切) 1 2 3 4 5 6 7 8 9 10 (非常貼切)

閒聊交際得分 ________

動之以情

21. 如果好友或家人需要我幫忙，只要開口就行了。
(非常不貼切) 1 2 3 4 5 6 7 8 9 10 (非常貼切)

22. 對於跟我同社團、同團體或有相同興趣的人，我會覺得特別親近。
(非常不貼切) 1 2 3 4 5 6 7 8 9 10 (非常貼切)

23. 如果我需要任何東西或遇到嚴重的問題，我知道好友一定會支持我。
(非常不貼切) 1 2 3 4 5 6 7 8 9 10 (非常貼切)

24. 我和最親近的人通常想法很像，興趣相投，我們認同彼此的情況比不認同的情況多。
(非常不貼切) 1 2 3 4 5 6 7 8 9 10 (非常貼切)

動之以情得分 ________

(續下頁)

請教諮詢

25. 我很擅長提出探究性的問題，讓人以不同的方式思考某個議題或情境。
(非常不貼切) 1 2 3 4 5 6 7 8 9 10 (非常貼切)

26. 我不是直接給人答案，而是用發問的方式引導對方經歷解題的流程，讓他們自己想答案。
(非常不貼切) 1 2 3 4 5 6 7 8 9 10 (非常貼切)

27. 我很擅長吸引他人參與解題流程，讓他們對解決方案產生擁有權，從而獲得他們的支持。
(非常不貼切) 1 2 3 4 5 6 7 8 9 10 (非常貼切)

28. 有人找我指導時，我比較喜歡提問，讓他們去找最適合自己的東西，而不是直接告訴他們我覺得他們應該做什麼。
(非常不貼切) 1 2 3 4 5 6 7 8 9 10 (非常貼切)

請教諮詢得分 ________

結盟

29. 我組織團隊的經驗豐富，是卓越的團隊領導人。
(非常不貼切) 1 2 3 4 5 6 7 8 9 10 (非常貼切)

30. 當我不確定我能夠獨自影響他人時，總是可以找到支持者幫我達成目標。
(非常不貼切) 1 2 3 4 5 6 7 8 9 10 (非常貼切)

31. 我擅長化解衝突，尋求共識。
(非常不貼切) 1 2 3 4 5 6 7 8 9 10 (非常貼切)

32. 我擅長匯集一群人，一起達成我覺得重要的目標。
(非常不貼切) 1 2 3 4 5 6 7 8 9 10 (非常貼切)

結盟得分 ________

感性的影響方法

訴諸價值

33. 大家覺得我很熱情，也很投入，對我關注的議題都很熱切地參與討論。
（非常不貼切） 1 2 3 4 5 6 7 8 9 10 （非常貼切）

34. 我可以直覺地理解別人的價值觀，我知道如何用他們覺得眞實與投入的方式，來跟他們談這些價值觀。
（非常不貼切） 1 2 3 4 5 6 7 8 9 10 （非常貼切）

35. 我口才不錯，是鼓舞人心的演說家。
（非常不貼切） 1 2 3 4 5 6 7 8 9 10 （非常貼切）

36. 很多人都覺得我充滿魅力。
（非常不貼切） 1 2 3 4 5 6 7 8 9 10 （非常貼切）

訴諸價值得分 ________

為人表率

37. 團隊或組織裡有很多人都覺得我是好榜樣。
（非常不貼切） 1 2 3 4 5 6 7 8 9 10 （非常貼切）

38. 我是經驗豐富又成功的教練、導師或老師。
（非常不貼切） 1 2 3 4 5 6 7 8 9 10 （非常貼切）

39. 大家普遍覺得我是這個領域的專家，大家常詢問我的意見或建議。
（非常不貼切） 1 2 3 4 5 6 7 8 9 10 （非常貼切）

40. 我因爲出版品、演講、簡報或公開露面而廣爲人知。
（非常不貼切） 1 2 3 4 5 6 7 8 9 10 （非常貼切）

為人表率得分 ________

（續下頁）

計分

在下面的空白線上記錄你的得分，然後每個分數乘上權重，再計算總分。權重是反映各種權力來源的相對強度（以我們的研究為基礎）。最高的可能總分是880。

理性的影響方法

講理（×4）＝ ________

以法為據（×1）＝ ________

交換（×1）＝ ________

直述（×2）＝ ________

理性方法的得分小計 ________

社交型影響方法

閒聊交際（×4）＝ ________

動之以情（×2）＝ ________

請教徵詢（×3）＝ ________

結盟（×1）＝ ________

社交型方法的得分小計 ________

感性的影響方法

訴諸價值（×3）＝ ________

為人表率（×1）＝ ________

感性方法的得分小計 ________

總分 ________

來看自我評估的解析吧！

顯然，你的總分愈高，你在公司或組織裡的影響力愈高。你的總分很重要，但總分的組成也很重要。很多人特別善於一兩種影響方法，使用頻率比其他的方法高，整體影響力反而不如多種方法都有著不錯分數的人。把這些影響方法視為工具箱裡的工具，如果你能善用六、七種影響方法而不只是一兩種，你更能有效影響他人。

全球五大**強效影響工具**是講理、閒聊交際、直述、動之以情、請教諮詢。如果你在這五種影響方法無法獲得不錯的分數，就應該努力從最弱的地方開始培養能力。一般來說，這幾種方法是你最需要經常使用的，也最有可能產生效果。

另外五種影響方法的重要性，則視你所處的情境而定。如果你是政治家、高階管理者、宗教領袖或其他類型的公眾人物，你應該培養訴諸價值的技巧，這種感性訴求會是你最重要的影響方式之一。如果你並沒有很多角色或地位的權力，你可能需要擅長交換（這是同儕影響彼此、讓人合作的方式）。如果你需要經常影響權力比你大上許多的人，結盟是你需要熟悉的重要方法。

這些影響方法的權重，反映出它們對你整體影響力的相對重要性（根據我們研究的結果）。在現實生活中，這些權重可能視你所面臨的領導與影響情況而定。如果你必須經常尋求他人的合作，交換的權重就應該比這裡分配的權重高。如果你從來不需要訴諸對方的價值觀，訴諸價值的權重可能比這裡所設的低。當你檢討得分時，問問自己以下的問題。

一、哪種影響方法對你在公司、團隊或影響情境中的角色最重要？你可能會想用自己的權重系統，以便更貼切地反映你所面臨的領導和影響的挑戰。

二、對於你挑出的重要影響方法，你目前的影響效果是否還不夠？這些方法是你在訓練計畫中應該鎖定的目標。

三、如果你嚮往在組織中擔任更大的職位，就要往前看。當你晉升到那個職位時，什麼影響方法會變得最重要？你應該把培養這些影響方法的技巧，列入長期的發展計畫中。

PART III

影響力的黑暗面

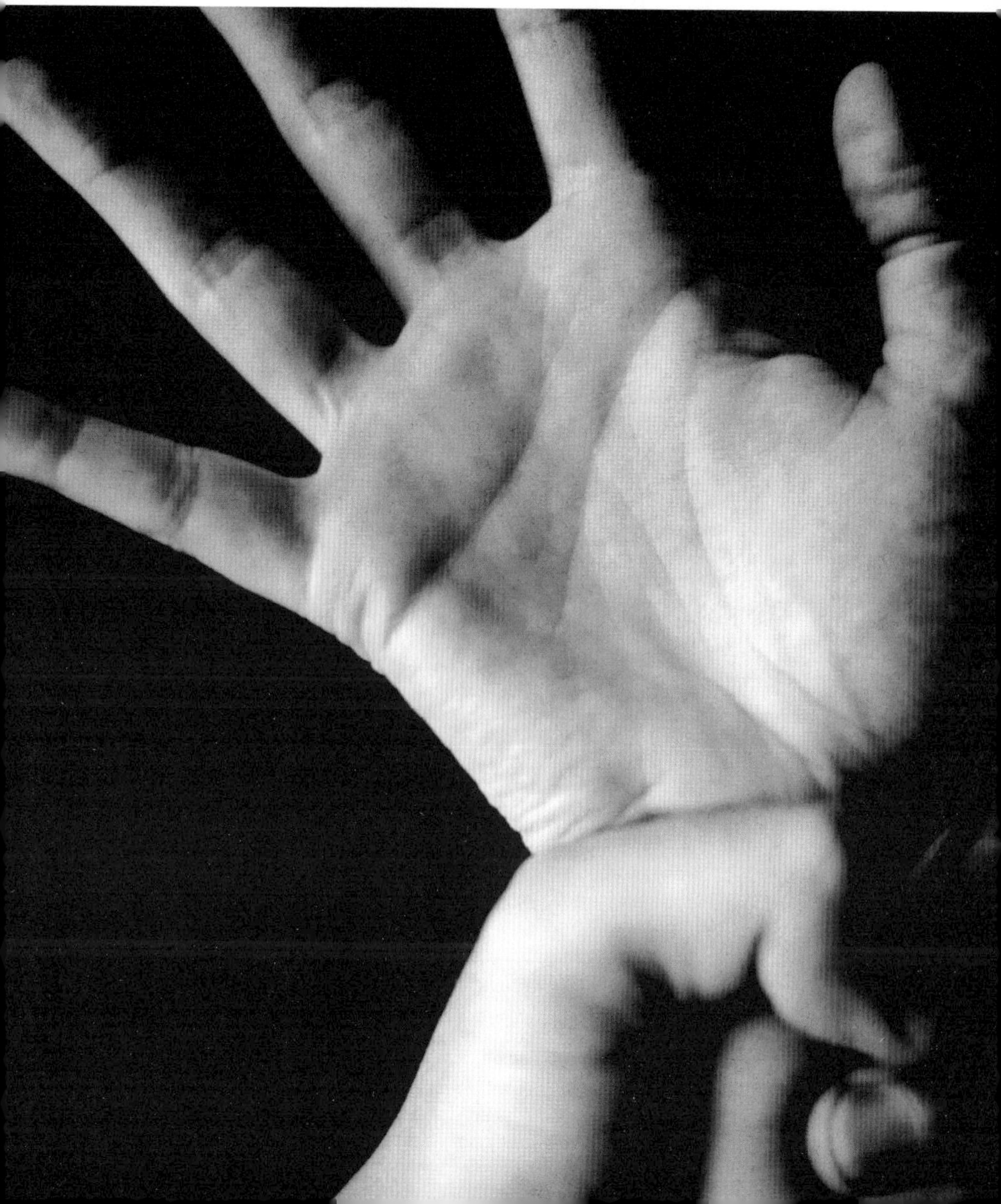

一八二三年三月，在南美加勒比海沿岸的船隻「金內斯利堡號」，載了兩百位蘇格蘭移民前往波耶斯（Poyais）的首府聖約瑟夫（St. Joseph）。波耶斯是個繁華的小國，位於蚊子海岸邊。很多移民者手拿著湯瑪斯．史川奇衛船長（Thomas Strangeways）所撰寫與出版的三百五十頁指南，書名是《蚊子海岸概要，包括波耶斯版圖和國家的描述》。四個月前，有另一批移民已率先登上另一艘「宏都拉斯號」從倫敦起程。這些勇敢的移民中，有些人已經取得波耶斯的公務員職位，有些人已經買了波耶斯軍方的軍職。多數人都把英鎊換成波耶斯幣了，他們很興奮地前往史川奇衛宣稱一七三〇年代就有英國水手移居的熱帶天堂：那裡有肥沃的土地、豐富的金礦和銀礦、茂密的森林、熱鬧的港口、無限的機會，留給勇於到新世界打造家園的人。

但是金內斯利堡號接近海岸時，船長卻無法靠岸，他覺得一定是地圖錯了。於是，他們沿著南美的海岸航行，直到碰巧遇到宏都拉斯號的倖存者。宏都拉斯號把乘客留在海灘上就駛離了，結果在海上不幸遇上風暴沉沒。金內斯利堡號的移民把家當搬下船，加入那群倖存者，才震驚地得知地圖沒有錯，他們的確抵達了正確的位置，只不過這裡沒有熱鬧的港口，也沒有聖約瑟夫市，沒有金礦，更沒有名叫波耶斯的國家，只有廢棄的柵欄、綿延數哩的沼澤和叢林、潮濕的天候、烈日和野蚊子。蚊子不斷地折磨他們，很多人因此感染了熱帶疾病。他們的波耶斯幣也一文不值（那其實是在蘇格蘭印的），那裡也沒有史川奇衛船長（那本談波耶斯的大作完全是虛構的）。

這個大騙局的罪魁禍首是葛雷格．麥格雷戈（Gregor MacGregor），他是蘇格蘭的士兵，游手好閒，宣稱他爲了西班牙的獨立參與了多次南美的戰爭。他生於一七八六年，十七歲時加入皇家海軍。一八一一年，他以上校之姿來到委內瑞拉，幾年後，從西班牙人手中奪取佛羅里達州阿米莉亞島的聖芬那迪納鎭。他是否參與其他的大型戰役並不確定，但是一八二〇年，他頂著波耶斯王子的頭銜大搖大擺地回到英國。自從西班牙失去南美屬地以後，不列顚群島充滿了投機的氣息，南美的市場正等著英國接手。麥格雷戈成了風雲人物，投資人和潛在的移民都對他的發跡故事深深著迷。一八二二年，他引進史川奇衛船長的著作（當然是麥格雷戈自己寫的），然後售出價值二十萬英鎊的無記名債券，據稱是波耶斯政府發行的。當年稍後，移民者陸續展開倒楣的航程，近三百多人移民當地，最後返回英國的不到五十人，其他人都死於熱帶疾病、營養不良、自殺或其他的不幸。

騙局敗露以後，麥格雷戈潛逃到法國，他在那裡故技重施，再次展開波耶斯騙局。這次，他的共犯被判入獄，麥格雷戈雖然受審，卻無罪開釋。隨後，他返回倫敦，再次推銷他所虛構的天堂，但這時投資者已經懂得提防他了。儘管警方調查他的詭計，但他從未遭到定罪。最後，麥格雷戈回到南美，向委內瑞拉政府申請軍人撫卹，不但如願獲得撫卹金，並於一八四五年安然辭世。麥格雷戈就是以不道德手段發揮極大影響力的例子，他是個騙子，抓住大家貪得無厭的需求，欺騙大家相信新世界眞的有樂土。雖然二十一世紀的人比十九世紀的人精明，像波耶斯那樣的詐騙應該不會發生在現代，但是馬多夫的個案，讓麥格雷戈頓時相形失色。

顯然，有些影響方法是不道德的，例如說謊、施壓、威脅、欺騙、利用別人的劣根性。你可能以大塊頭、位階、憑證、權威、財富、自信來威嚇別人；描述毀滅的情況來嚇人；告訴別人要是不服從你會發生什麼事；號召群眾與某人爲敵，或僱用惡徒調查某人，不乖乖就範就修理他。這些伎倆多多少少都有效，都能影響對方，但是在這裡「影響」幾乎稱不上是貼切的字眼。這些伎倆是**逼迫**別人就範，不管對方喜不喜歡。或是欺騙對方相信那樣做對他有利，但其實是對施展伎倆的人有利。前面提過，影響是「讓人相信你希望他們相信的事，以你想要的方式思考，或做你希望他們做的事情」——這一切麥格雷戈都辦到了——由此可見，影響力有非常黑暗的一面。

我把不道德的影響伎倆歸入「黑暗面」裡，亦即剝奪對方說不的合法權力，逼人做出與個人希望或最佳利益相反的事情，誤導他人，或是讓人做原本不想做的事。常見的負面或不道德的影響方法包括：**迴避**、**操弄**、**恐嚇**、**威脅**。

迴避：以逃避責任或衝突或是擺爛的方式，迫使他人行動，有時違反對方的最佳利益。這是最常見的黑暗伎倆。在有些文化中，想要維持和諧可能被誤以爲是在迴避。

操弄：以說謊、欺騙、愚弄、詐騙等方式影響他人，掩飾自己的眞實意圖，或刻意隱瞞對方做正確決定所需要的資訊。

恐嚇：硬逼別人就範，以拉高分貝、霸氣、蠻橫、自大、疏離或漠不關心的方式逼人順從。這是惡霸偏好的方式。

威脅：對方不順從就加以傷害或揚言傷害，以殺雞儆猴的方式讓對方知道威脅是眞實的，這是獨裁者和暴君偏好的方法。

在這個單元中，我會更詳細說明這些方法，舉出一些濫用的例子，教大家在遇到這些狀況時如何保護自己，探討當你發現自己採用這些負面的影響方法時，該如何改變。

黑暗的影響伎倆剝奪對方說不的合法權力，逼人做與個人希望或最佳利益相反的事情，誤導他人，或是讓人做原本不想做的事。

第九章　我不想
迴避

在碳紙和影印機發明以前，重要的文件必須用手工謄寫，需要注意細節又很辛苦，十九世紀做這種工作的人，稱為文書。在赫爾曼·梅爾維爾（Herman Melville）的經典短篇故事中，有個古怪難搞的角色名叫文書巴托比（Bartleby the Scrivener）。這個故事是由雇用巴托比的老律師所講述的：

> 起初巴托比抄寫的文字量很多，彷彿亟欲抄寫東西似的，卯起來猛抄我的文件，廢寢忘食，日也抄，夜也抄，白天就著日光抄，夜晚就著燭光抄。如果他是快活地工作，我理當爲他的投入感到高興才對，偏偏他又悄無聲息，面無表情，就只是呆板地抄寫著。
>
> 第三天，我想到他就在旁邊，沒必要檢查他寫的東西，剛好我又急著完成手邊的小案子，就把巴托比叫來。我一時匆忙，自然預期他會馬上順從。我坐在桌邊，低頭看著原稿，右手放在旁邊，焦急地拿著謄寫紙，心想巴托比一過來就可以拿走那張紙，馬上處理，毫不耽擱。我叫他過來的時候就是那樣的態度，我匆忙地說，那是我要他做的，也就是說，我要他幫我

檢查一張小紙。試想，當巴托比沒有離開座位，就只是用堅定的口吻輕聲地回我：「我不想」時，我有多驚訝，不，是有多錯愕。

我靜靜地坐了片刻，讓自己從震驚中恢復過來。我當下覺得應該是我聽錯了，或是巴托比誤解我的意思了。我以最清晰的聲音又重複了一次剛剛的要求，但他也以同樣清楚的聲音給我一樣的答覆：「我不想。」

「我不想」，那聲音迴盪著，我憤然起身，大步地走過房間，「你是什麼意思？你是瘋了嗎？我要你幫我比對這張紙，拿去！」我把紙塞給牠。

「我不想。」他說。[1]

律師對巴托比的反應很震驚，但不知該如何是好，他仍試著要巴托比順服，卻一直沒有效果。基於人道立場，他後來了接受員工不會做他不想做的事。有一天，巴托比突然說他不想再抄寫了。律師不想逼巴托比移開他的辦公室，最後自己被迫搬到新的地方，巴托比仍然留在原來的辦公室裡，即使有新手接了他的工作，他還是不願意離開。他們通知警方把巴托比押到監獄去，巴托比在監獄裡逐漸衰竭，後來就死了，從頭到尾律師都很錯愕不解。

「文書巴托比」是個有趣的故事，這個故事說明了影響力的黑暗面：以迴避的方式影響他人。巴托比拒絕雇主的要求，老律師只好接納他的古怪意念，把工作轉交給其他的文書處理，出錢請他離開，甚至把自己的工作搬到新的辦公室。在現實生活中，沒有雇主會接受員工這樣的反抗，但是在虛構的世界裡，巴托比的奇怪行徑，是把迴避發揮到極端的有趣而又令人費解的例子。在現代職場中，我們不太可能碰到巴托比這樣的實例，但是在叛逆的青少年、社會邊緣人、少數拒絕納稅或不遵守社會規範與傳統的頑固反抗者身上，我們的確可以看到巴托比的影子。不過，最常見的負面影響方式，是以沒有那麼極端的方式迴避，多數人都曾以迴避的方式影響他人。

在兒童遊戲「燙手山芋」（hot potato）中，大家站成一圈，放著音樂，把沙包拋來拋去，當音樂停止，誰剛好拿到沙包就會遭到淘汰。大風吹遊戲跟這個遊戲很像，其他的淘汰遊戲也是如此。在組織裡，燙手山芋是指責任或沒有人要做的任務，例如開除績效不佳、但深受同事喜歡的員工，應付憤怒的顧客，在不景氣時挑出裁員的對象，以及其他討人厭的任務。為了躲避這些不受歡迎的決定或情緒衝突，有些管理者會採用迴避的方式，例如推卸責任，拖延到由別人來做，或是背地裡逼別人處理棘手的問題。

三種迴避方式

迴避是以間接的方式發揮影響力，共分三種。第一種是迴避責任者，這種人不想因為討人厭的決定而受到指責，所以想盡辦法把決策責任推給別人。第二種是迴避衝突者，他們不介意接下討厭的決策責任，但是不想對抗討厭決策的人。他們討厭衝突，總是竭盡所能地迴避衝突。第三種是擺爛者，他們不會當面說出真心話，而是背地裡說，想用私下遊說及操弄他人的方式，間接影響他人。最後一種迴避方式可能是最隱約的，但這三種都是以間接的方式影響他人。

逃避責任者

逃避責任的人要不是想要討人喜歡，就是不想挨罵，他們的目標就是永遠別接燙手山芋，以免讓自己騎虎難下，以下是三個例子。

一、配偶或朋友對另一人說：「你想去哪裡吃飯？」迴避的另一方回應：「喔，我不知道，你想去哪裡？」（逼別人決定，萬一不好吃就不必負責）

二、管理者和下面的一名主管討論他想開除的一位員工。

管理者：約翰，我不喜歡漢納堤主持業務會議的方式，開除他吧，我不管你用什麼理由，開除他就對了。

約翰：知道了，但是漢納堤這個人還不錯，而且績效也不差。

管理者：我相信你可以找到一樣好的人才來取代他（漢納堤清理辦公桌時，這個迴避責任的管理者順道走到他旁邊表示同情，說他不認同決策，但還是要尊重他主管管理部門的自由。這個老闆希望大家都喜歡他，不想受到責怪）。

三、另一名員工和老闆討論如何解決問題。

凱莉：我照著您的指示，評估了三個選項，我覺得B選項可能是最好的方案，但我想知道您怎麼想。

老闆：隨妳決定。

凱莉：我知道，但您是老闆，我希望您批准後再開始做（如果老闆因此答應了，凱莉算是做了很巧妙的向上委託。萬一B選項行不通，凱莉可以說B選項是老闆要的，藉此推卸責任）。

迴避衝突者

如果你問大家是否喜歡衝突，絕大多數的人都會說不喜歡，但是當衝突發生時，多數人還是會面對並盡量處理。不過，有些人寧可委曲求全，也不想和別人起正面衝突。有些人覺得衝突帶來的情感傷害難以承受，有些人則是藉由迴避衝突來拖延時間。他們希望衝突能自己消失，或對方在冷靜下來後勉強同意。有些人把迴避衝突當成避免損失的手段，他們需要在某些情況下占上風，萬一被迫處理議題，他們可能必須承認錯誤或勉強接受對方，而兩者都不是他們所願意的，所以迴避衝突是他們保留顏面的方式。迴避衝突通常是一種掩飾真正感覺的策略（甚至是欺騙自己），從而維持和諧（那是假和諧，但他們不在乎，只要維持和諧的假象就好）。以下是以迴避衝突的方式影響他人的三個例子。

一、一個事業單位的總經理和副總經理對話如下。

總經理：亨利，下週我和家人會去瑞士的策馬特。

副總經理（驚慌）：下週我們要公布季度財報，我們的數字遠低於分析師的預期。

總經理：我知道，我希望由你來宣布，主持分析師會議，這是你在投資人關係方面獨當一面的大好機會（這其實是總經理迴避衝突的方法，這種管理者通常會在自己及可能生氣或不滿的人之間放個擋箭牌。在「扮白臉，扮黑臉」的遊戲中，這種管理者老是扮白臉，他們的擋箭牌通常扮黑臉。等衝突消退後，總經理又會回頭接掌職權）。

二、業務員對同事說：莫妮卡，三線有個非常憤怒的顧客，可以換妳接聽嗎？我今天實在沒辦法處理這種客人（至少這位迴避衝突者還算很坦白）。

三、兩位家長都在上班，他們接到警方來電通知：在學的兒子逃學，被帶到了警局。其中一位家長想迴避衝突，聲稱自己有重要的會議要開，迫使另一位家長去接兒子，質問兒子的行為（另一位家長並不希望家裡只有他扮黑臉）。那位迴避衝突的家長可能會找藉口先不回家，等風暴過後才回去。

擺爛者

美國精神醫療學會（APA）把消極反抗（passive-aggression，亦即擺爛）歸類為性格障礙。APA指出：「這些人習慣性地怨恨、反對、抵制他人要求的水準。」這種行為通常是發生在工作上，「這種反抗通常是以拖延、健忘、固執、刻意沒效率的方式呈現，尤其是面對權威人物指派的任務時。[2]」有擺爛行為的人在面對他人時，通常態度和善，也很支持，但是背地裡的行為正好相反。擺爛者通常有無力感，不會當面質疑或對抗他們所不認同或討厭的人。但之後他們會以拖延、忘記做交辦的任務、無法完成任務或搞破壞等方式（通常是以不會挨罵的方式）來影響情境，表現他們真正的感覺。以下就是兩種擺爛的例子。

一、員工山姆對管理者說：「我完全同意，我會馬上處理。」（他回到座位後，有上百件要務纏著他無法脫身，他完全沒有時間去做管理者交代的事。後來，管理者問他為什麼沒做時，他說有些重要顧客的問題必須迅速處理，占用了他所有的時間，害他忙得不可開交）

二、馬丁和莎拉討論如何向老闆提出點子。

馬丁：你覺得我的點子如何？

莎拉：我覺得很棒，我們以前怎麼沒想到？

馬丁：你覺得老闆會喜歡嗎？

莎拉：我也不知道，但我覺得你應該跟她提看看。

馬丁：妳會支持我嗎？

莎拉：應該沒人會不支持吧，那點子真的很有趣（你可以看出莎拉當然不支持那個點子，因為她沒有直接回應馬丁的問題。她可能是嫉妒馬丁，因為她沒想到那個點子，或討厭別人在老闆面前表現得比她好。總之，她不坦白說出自己的真實感受。但之後，她向另一個她覺得跟自己同一陣線的同事提到馬丁的點子，並加以貶抑。她打算在馬丁向老闆提案以前，盡量在背後批評）。

我在前面提過，擺爛是三種迴避方法中最隱約的，因為你常以為別人支持你或你的點子，後來才發現別人根本不是這樣想，或突然變得「太忙」（那通常是藉口）。這三種迴避形式都是以間接的方法影響他人，逼他人承擔責任、處理危機或衝突，或是改變作法，因為影響者不願行動或不願坦白表達真實的感受。這些都是不道德的影響方式，因為影響者不願坦白告知真實的動機或意向，又逼迫他人做出可能不利他們的事。此外，這也是一種儒弱的行為。不過，話說回來，我們都曾用過迴避的技巧，有時候為了應付壓力和難關，我們會選擇迴避衝突或責任。當這變成一種行為模式，成為你影響他人的主要方式之一時，這就有問題了。

有關迴避的見解

在權力和影響力的研究中，我衡量大家使用四種負面影響方式的頻率，並衡量這幾種方法的使用頻率和整體影響效力、權力來源、技巧，以及它們和十種正派影響方式的使用頻率和效力的相關性。以下是有關迴避的主要研究結果。

- 迴避需要付出高昂的代價。最不常使用迴避法的人（亦即「不迴避者」），整體影響力是四．〇七級（最高五級）；最常使用迴避法的人，整體影響力是二．五九級，這差距超過四個標準差。這個差異很大。常迴避的人的影響力，遠低於不迴避的人。
- 有趣的是，常迴避的人通常會依賴直述、以法為據、動之以情等正派的影響方式；不迴避的人則是依賴講理、請教諮詢、為人表率、訴諸價值等方式。
- 不迴避的人在個性、交情、魅力、聲譽方面的得分較高。相反的，常迴避的人比較常用資源、角色、資訊等權力來源。換句話說，常迴避的人是依靠結構影響力（角色和資源），不迴避的人是依賴個人力量及別人對他們的尊重（聲譽）。
- 不常迴避者的最強技巧是培養關係和信任、邏輯推理、支持和鼓勵他人、輕鬆交談、聆聽、自信表現、對他人展現真正的興趣，大家認為他們在這些方面表現較好。常迴避者的最強技巧是堅持、自信表現、請人幫忙的意願；最弱的技巧是化解紛爭與歧見（這不令人意外）。有趣的是，自信表現同時是不迴避者及常迴避者的最強技巧，這表示迴避和缺乏信心無關，而是看你的心胸是否開放，對人是否直接，是否有意願為自己的想法和行為負責。

如何防禦迴避

知道有些人會用迴避的方式影響你，這點很重要。他們會用這種方式讓你幫他們解決問題，逼你幫他們做該做的決策，要你為結果負責，或幫他們扛責任。面對對方的迴避，你自保的第一步，是要有能力察覺這種情況，只不過要察覺這種事不見得很容易。我們通常不會同時和人互動又仔細觀察互動的細節，因為我們忙著處理手邊的事情，並與對方互動。迴避可能很隱約，我們可能無法立刻發現對方在迴避責任或衝突。當然，有時候迴避極其明顯，但通常不是如此。由於每個人偶爾都會使用迴避法，只有在對方習慣用這種方式影響你，或某人當面支持與鼓勵你、但背地裡所講的卻完全相反時（你聽別人說的），才能明顯的看出來。

當你發現這種事，需要決定要不要提出質疑。例如，如果你真的接下責任或處理衝突，可能對你或組織來說是有利的。或許你比較有準備，能得出較好的結果。不過，如果你無法接別人的燙手山芋或不想接，最好的方法就是別接。第一步是讓對方看清楚他在做什麼，有時候對方是真的不知道自己在推託責任或迴避衝突。當你以溫和的方式指出這點時，他可能就不會再這樣做了。接著，你需要說不，以溫和、非對抗的方式說，但要清楚讓他知道，這是他必須自己處理的情況。必要時，可以更堅定地回絕，堅持你的立場。當對方發現你不接燙手山芋時，他會收回去自己處理，或另外找比你更順從的人。以下是你可用來回應前面八個迴避例子的方法。

迴避責任者

一、告訴不想挑餐廳的配偶或朋友：「**謝謝，但上次我挑過餐廳，這次換你了。**」如果這樣行**不通，你可以交叉手臂說**（在多數的文化中，這個姿態反映出固執）：「**每次都是我決定，這樣對你也不公平，所以這次我不選了，換你決定。**」

二、高層要求約翰（事業單位的主管）開除員工時，約翰可以對迴避責任的高層說：「**我下不了手，部分原因在於我覺得那是錯誤的決定。您願意的話，我可以把漢納堤找來跟我們開個會，我覺得他需要聽您談談您不喜歡他主持業務會議的原因。**」

三、老闆可以用下面的說法，避免迴避責任的員工把任務向上推卸給他：「**無論妳決定什麼，我都會支持，我把這個責任交給妳，妳需要自己決定。**」

迴避衝突者

一、事業單位的副總經理可以告訴迴避衝突的總經理：「**很感謝您對我的信心，但是分析師光聽我說是不會滿意的。更重要的是，整個企業都會看我們怎麼處理這件事。恕我直言，我覺得您應該考慮從策馬特飛回來開會。**」

二、業務員遇到迴避衝突的同事要求她代為處理棘手的顧客來電時：「**抱歉，我今天遇到的憤怒顧客也夠多了。**」或是切換成教練的模式：「**我懂你的感受，保持冷靜，你沒事的。好好聆聽對方，盡量幫忙客人。這個工作本來就需要應付一些生氣的客人，我們都必須面**

對，你以前做得很好，我聽說過，別擔心，你沒事的。」

三、對預期扮黑臉的家長來說，或許現在該堅定立場對另一半說：「**我認為我們都不該自己去警局，我們需要讓孩子知道，我們兩個都無法接受這樣的行為。如果你需要先開會，開完會後打電話給我，我跟你在警局碰面。**」

擺爛者

一、因應擺爛的員工，首先需要建立問責制。管理者可以告訴員工山姆：「**你說你會馬上處理，我認為你是承諾你會盡快完成的意思。**（這時山姆會提出藉口，所以不接受他的藉口也很重要）**其他事情可能很重要，但這件事也很重要。如果你不確定哪個比較重要，或是需要有人幫你完成一切事情，你應該來找我，我會幫你釐清，我希望你以後都是這樣做**（你必須表明立場，以避免未來聽到更多的藉口。管理者需要讓山姆完成工作，並講明他的要求和預期）**我希望你先把其他的事擱著，先完成這件事，可以嗎？**（他必須回答可以，如果不行，就要解決問題）**你什麼時候可以完成……很好。那我預期你明天早上九點會來這裡，不要因為其他的事情分心了，這是個重要的任務**（另一個策略可能是找出山姆為什麼不全心投入這項任務。不過，我在這個對話中是採取強硬但尊重的立場，因為面對擺爛者，你必須這樣做才有效，不然他們會得寸進尺，你必須堅定、直接、明確）。

二、當莎拉不想直接回答馬丁的問題，馬丁應該當場就說：「**我希望別人支持我的點子，但我**

現在想知道妳是否支持（如果莎拉有所遲疑，他就應該進一步探問）。**妳似乎有些遲疑，有哪個地方妳不太喜歡嗎？妳可以坦白講沒有關係，我想聽坦白的意見。**」（最後一句話允許莎拉說出真實的想法）

萬一問題就出在你本人

每個人偶爾都會使用黑暗的影響技巧。有時候迴避衝突、擺脫責任、言不由衷是人之常情。不過，很少人會像麥格雷戈或馬多夫那種投資騙子，採用極端的操弄手法。所以，如果你偶爾使用迴避法，你其實跟多數人一樣。經常或習慣性的迴避才真的有問題。

最重要的是，你必須了解，長期迴避責任與衝突是在扼殺自己的事業。如果你在組織裡工作又胸懷大志，迴避是破壞性很大的策略。一旦別人覺得你經常迴避衝突或責任，就會對你失去信任、信心和尊重。出現這種情況時，最好是離開組織，到其他的地方從頭開始。你可能永遠無法改變別人對你的看法，他們會覺得那是一種根本的個性缺陷。可見這有多麼重要。

所以你應該怎麼做呢？簡單的說，就是接受責任，學習面對衝突，無論那對你來說有多困難。首先，找出你何時迴避衝突或責任，試著了解發生的原因。迴避是因為恐懼，所以試著了解你在恐懼什麼。在責任方面，最好先邁出一小步，接著尋求愈來愈難的工作和任務，並扛起責任。這樣做可能很難，你可能會很痛恨這種感覺，但是克服恐懼的唯一方法是直接面對，學習因應。多數人發現自己真正害怕的事情很少，一旦發現這點，一切就容易多了。學習面對衝突可能比較困難，因為衝突是介入人際互動，雜亂無章，最後可能會演變成很難看的局面，傷了感情又徒增恨意。有些不錯的教育課程就在探討衝突管理，或許有的課程會很適合你。

如果你出現擺爛的行為，最好先了解你在做什麼及原因。擺爛通常是因為無奈，在背地裡反抗是為了獲得權力。擺爛者內心的推理大概是這樣：「我不敢直接對抗老闆，因為他太強大，可能會傷害我。所以我在他背後唱反調，他不會知道是我做的，所以我很安全，這也讓我覺得更強大。」當然，這種搞錯目標的作法終究會失敗，但可以暫時舒緩無力感。如果你發現自己正在做這種事，知道是什麼原因，就要培養勇氣，坦率地面對你所擺爛的對象。讓真實的議題浮上台面，坦白、直接地處理，是最勇敢也最健康的前進方式。

如果你是領導者或管理者，你迴避責任或衝突或出現擺爛的行為時，我真誠建議你別再這樣做了。無論你是有意或無意的，員工都會有樣學樣（參見第七章），最終你的下屬會模仿老闆，做出一模一樣的舉動，整個組織也會開始出問題。

觀念精粹

一、負面或不道德的影響伎倆有四種：**迴避**、**操弄**、**恐嚇**、**威脅**。這些伎倆剝奪了對方說不的合法權力，逼人做出與他個人希望或最佳利益相反的事情，誤導他人，或是讓人做原本不想做的事。

二、迴避是間接的影響，共分成三種：迴避責任、迴避衝突、擺爛。

三、迴避責任的人通常想要討人喜歡或不想挨罵。

四、迴避衝突的人是爲了爭取更多的時間、防止損失、避免不安的情緒、保留顏面，或是掩飾眞實的感受。

五、一般人在怨恨、反對或抗拒要求時（通常是來自權威人物的要求），會出現擺爛的行爲，但通常是間接展現的，例如拖延、遺忘、固執、故意效率低落。一般人在擺爛時，通常會在你面前很親切，但背地裡搞破壞。

六、迴避需要付出高昂的代價。經常迴避者的整體影響力比鮮少迴避者小很多。

延伸思考

一、人生中有很多以不道德的手段影響他人的例子，在你的個人經驗中，你在哪裡遇過這種事？你在哪裡見過有人用迴避法影響他人？操弄他人？恐嚇他人？威脅他人？

二、你覺得爲什麼有人會用那些黑暗的影響伎倆來影響他人？這些負面的伎倆有效嗎？

被影響者會付出什麼代價？影響者又會付出什麼代價？

三、你認識習慣性的迴避者嗎？他們從這種方法中得到了什麼？失去了什麼？如果我說這種手法是在扼殺職業生涯，你認同嗎？

四、迴避責任和迴避衝突，哪個比較糟？爲什麼？

五、擺爛是一般人感到無奈時的因應方式，你遇過別人對你擺爛嗎？你遇過有人表面上對你親切又支持，背地裡卻說三道四嗎？當你發現他們表裡不一時，你怎麼做？

第十章　每分鐘都有傻瓜誕生

操弄

一八六九年十月十六日星期六，威廉．紐威爾（William Newell）雇用了兩個人，在他位於紐約州卡地夫的農場上挖了一口新井。早上十一點左右，兩人挖到了一個固體，可能是顆大石頭。他們把泥土撥開一看，發現那看起來像是人腳，足足有兩呎長，由硬石組成。他們驚訝地告訴農夫他們的發現，並繼續挖掘，最後挖出一副近乎完整的裸男身體，身長超過十呎。他們覺得他們發現了美國原住民巨人的石化遺骸。到了週日早上，消息已經傳開了，紐威爾的農場湧進了好奇的探索者、看熱鬧的村民和記者。不久，紐威爾開始對想要一窺「卡地夫巨人」的訪客收門票。

雖然有些科學家已經表示那是假的，大家對巨人還是非常好奇。大衛．漢南（David Hannum）領導的組織甚至出價想要買石化遺骸，紐威爾以三萬七千元以上的價格把巨人賣給了漢南，在當時那是一筆為數不小的鉅款。漢南開始把巨人拿到各地巡迴展出，吸引大批的人潮參觀，連馬戲團團長巴南（P. T. Barnum）都想把它買下來。漢南不肯出售，於是巴南自己去訂做了一個，也打著「正宗巨人」的名號巡迴展出。漢南看到大家排隊付錢等著看巴南的巨人，嗤之以鼻地說：「每分鐘都有傻瓜誕生。」後人經常使用這句話，卻誤以為是巴南說的。當然，那兩個巨人都是假的，卡地夫巨人其實是紐約商人喬治．赫爾（George Hull）所製造的，他一心想要證明巨人確實存在過。卡地夫的農民紐威爾是他的堂弟，在卡地夫巨人被揭穿是騙局以前，已有數十萬人付錢看過巨人的身影以及巴南的仿假巨人。[1]

騙子、行騙高手、詐欺者、冒名者、操弄者為了影響他人，捏造現實的假象。儘管欺騙令人討厭，但欺騙在人類的歷史上仍扮演很大、通常是相當出名的角色。亞歷山大大帝是史上最卓越的戰地指揮官之一，他帶領軍隊接近敵軍，在開戰的前一晚就在敵營附近紮營。為了讓敵軍誤信他的軍隊比實際規模還大，亞歷山大命令下面的將領在軍營外面又額外多升了數百個營火。敵軍以為他們面對的是龐然大軍，於是改變作戰計畫，有時防守亞歷山大無意攻擊的地方，有時則是保留太多的儲備軍力。戰爭開打時，敵軍在還沒加派兵力前就已經瀕臨潰散，亂了陣腳，士氣低落。亞力山大依靠欺騙敵軍贏了多場戰役。誠如《孫子兵法》所言：「兵不厭詐。」

二次大戰期間，同盟國展開了戰爭史上規模最大、最成功的騙局。一九四四年初，同盟國計畫攻入歐洲。英法兩國之間的最近點是加萊海峽省（Pas de calais），那是從海上攻入法國的合理選擇。至於進攻開始日的實際登陸點諾曼地（Normandy）則比較遙遠，難度也較高。挪威也是可能的入侵點，因為納粹在那裡的防禦鬆散，可讓同盟國的軍隊從北歐長驅直入歐洲。艾森豪將軍和旗下的規劃者知道，萬一納粹把軍力集中到諾曼地，或是在同盟國軍隊建立安全的灘頭堡以前，就把儲備軍力移到那裡，入侵西歐的計畫可能會失敗。所以他們打造了一個計畫，讓希特勒相信他們會從加萊海峽省入侵。

這個計畫名叫「堅毅行動」（Operation Fortitude），其中一大騙局是組織一支虛構的軍隊，名叫美軍第一集團軍（First U.S. Army Group），指揮官是巴頓將軍。為了讓在英國的德國間諜相信這支軍隊是真的，同盟國還為集團軍打造了建築及其他的基礎設施，部署充氣式橡膠坦克以及木頭仿製的登陸艇和大砲。他們也模擬傳送軍隊的無線通訊流量，讓一些雙面間諜把錯誤的資訊交給德國的軍情單位，並透過外交管道洩露錯誤的資訊。這場精心設計的騙局不僅使同盟國在歐陸建立了據點，也開闢了港口以引進額外的軍隊、裝備和補給。

在戰爭中，欺騙往往是大規模地展開，但是在日常生活中，社交上可接受的欺騙形式經常發生。以撲克牌為例，玩牌需要猜測與唬弄對手，讓對手做出不利的決策。在美式足球中，攻方的打法就是為了欺騙守方（反之亦然）。最優秀的四分衛可掩飾自己的意圖，直到他們把球傳給接球者。最好的防禦是掩飾突擊，直到球被劫走。企業每年花數十億美元廣告，以塑造消費者對產品的印象，時尚和化妝品業主要是幫人管理自己給別人的印象。電影、戲院和文學是其他我們允許自己受到欺騙的方式。十九世紀的詩人柯立芝（Samuel Taylor Coleridge）主張，觀眾能接受與享受文學中的幻想元素，是因為他們願意暫時停止懷疑——這個概念也適用在舞台與螢幕上。當

操弄者為了影響他人而捏造現實的假象，儘管欺騙令人討厭，但欺騙在人類的歷史上仍扮演很大的角色，通常相當出名。

我們因悲情的電影而哭泣或驚悚片而驚嚇時，我們多多少少都知道自己受到操弄，但我們還是接受了，因為我們覺得獲得了娛樂（那是我們和藝術家之間的隱約協議，柯立芝稱之為「詩意的信念」）。

操弄是為了創造現實的假象，魔術表演就是我們自願受騙的絕佳例子。當魔術師把人鋸成一半，從空帽子裡拉出兔子時，我們不了解他是怎麼辦到的，被耍了還很開心，因為我們知道那是在耍把戲。這種把戲之所以是有道德的欺騙，是因為我們同意那樣做，而非當了冤大頭。魔術師並未從我們的身上偷走東西，或欺騙我們做出有害或違背我們意念的事。當謊言造成傷害或欺騙我們做不想做的事時，操弄就是不道德的。馬多夫也是個魔術師，但他的花招是讓投資者相信，他是值得信賴又熟悉市場的，可以持續幫他們賺到比別人更多的投資報酬。他就像現代的魔術大師胡迪尼（Houdini），也利用受害者暫停懷疑的意願，但他這麼做都是為了一己私利及不光彩的原因。

馬多夫的魔術表演

想了解馬多夫是如何變成投資顧問界的胡迪尼，我們應該先知道他生於紐約的皇后區，是個來自普通家庭的平凡孩子。他的腦筋靈活，但在校成績普通，從賀福斯塔大學（Hofstra College）取得政治學學士學位。他對於自己沒念華頓或史丹佛等一流商學院感到遺憾，不過他申請那些學校能否錄取也令人懷疑。一開始，他靠擔任救生員和草坪灑水器的安裝師為生，在那個重視金錢、人脈與特權的地方和年代，他沒有錢、沒有人脈、也沒有特權，但他不缺抱負，有出人頭地的強烈欲望。在這方面，他就像麥特．狄倫（Matt Dillon）在電影「火烈鳥少年」（*The Flamingo Kid*）裡所扮演的海濱少年，只不過他缺乏那角色的道德良知。對馬多夫來說，出人頭地意味著有權、有財、備受尊重，他覺得為達目的可以不擇手段。

操弄高手馬多夫從數千位投資人的身上詐騙了數十億美金，連好友和家人也在受害者之列。

一九六〇年，他在岳父的會計師事務所工作時，自創一家平價的股票交易公司，後來又開了一家投資顧問公司。岳父介紹了不少朋友及朋友的家人給馬多夫，他的事業逐漸成長。他無法和紐約證交所的股票交易員競爭，因為他的規模太小，無法到那裡註冊，所以他實驗電腦化的股票交易，而這項創新促成了一九七一年納斯達克交易所（NASDAQ）的成立。納斯達克無疑是他職業生涯中的最高成就（也是唯一合法的成就）。一九九〇年，他被任命為納斯達克的非執行董事長，在那職位上待了三年。當時，他每年收入數億美元，已經贏得他年輕時所渴望的肯定和尊重，但那時那些東西對他來說已經不夠了，就像《愛麗絲夢遊仙境》裡的情節一樣，他可能已經跌進兔子洞太深，爬不出來了。馬多夫開始欺騙投資人的時間點並不明確，但政府的調查人員認為他的詐騙應該遠溯及一九七〇年代。無論是何時開始的，他創造了史上最複雜、運作最久的龐氏騙局。馬多夫利用連胡迪尼都辦不到的神奇招數，魔棒一揮，五百億美元就這樣憑空消失了。他是怎麼辦到的，可說是權力與影響力的個案研究。

馬多夫的權力來源

想了解馬多夫影響他人的非凡能力，需要先看他的權力來源。在職業生涯的初期，馬多夫的權力來源較少，只有三個重要的例外。他在知識、表達力、個性、角色、資源、資訊、聲譽方面的得分可能介於中低之間，但是透過從中學時期就開始交往的妻子露絲，他和岳父紹爾．艾爾彭（Saul Alpern）的交情深厚。艾爾彭就像大多數的岳父一樣，竭盡所能地幫女兒和女婿，他自己是會計師，在一九六〇年代初期有足夠的人脈可以轉介給馬多夫。艾爾彭的人脈成了馬多夫的人脈權力來源，馬多夫充分利用這些人脈，來打造自己的股票交易事業及投資顧問公司。此外，馬多夫平時說話溫和，充滿親和力，大家都很喜歡他也信賴他，所以他也有「魅力」這個權力來源。

把時間快轉到一九八〇年代，我們看到截然不同的狀況。這時馬多夫的公司已經穩定成長，主要是透過親朋好友的轉介及連結基金（把投資人的資金轉交給他的共同基金）。這時他的造市部門是紐約證交所中最活躍的業者之一，他可以利用合法但可疑的手段，付錢請經紀商透過他的券商幫客人下單，從而膨脹他的交易量。連結基金和合法的回扣是他用來加速資金流入他公司的兩大策略。事實上，他是搭著其他流量的順風車以增加自己的流量。一九九〇年，他在全國證券經紀商公會（National Association of Securities Dealers，簡稱ＮＡＳＤ）已經相當活躍，那是自律組織，監督納斯達克和櫃臺市場的運作。馬多夫還一度擔任過ＮＡＳＤ的董事長，參與理事會，這時他的權力來源相當可觀。

知識：馬多夫很了解市場，這也是大家公認的。他知道這點，並以此牟取私利，他不僅暗示大家他懂得很多，也暗示大家他對交易的了解比其他人**還多**。他說，不管市場怎麼變動，他都可以持續提供一〇％到一八％的報酬，那是其他人都無法辦到的。那些以為自己持續獲得高報酬的人並不想質疑他，至於那些質疑他的人，馬多夫只回答那是他的「祕密絕招」。質疑馬多夫作法的人，例如金融分析師亨利．馬科普諾斯（Harry Markopolos），再怎麼講都沒人願意聽。馬多夫早年的伎倆之一，就是說服大家相信他懂得比其他人還多，而且那是個祕密。總之，他說服大家他有優異的知識能力。

表達力：馬多夫平時低調，說話溫和，能言善道向來不是他的強項，不過他也不需要能言善

當謊言傷害我們或騙我們去做不想做的事情時，這個操弄就是不道德的。

道。他的模特兒友人卡門・戴爾奧利菲斯（Carmen Dell'Orefice）說：「馬多夫很靜，不是那種講得天花亂墜的人，也不健談，我常覺得他也許是無聊吧。他就只是個普通人，和善有禮。[2]」

魅力：馬多夫在必要時，向來都很有魅力，尤其是在朋友或投資人的面前、需要戴上公開面具的時候。但是在背地裡，沒戴上面具的時候，據說他是個不同的人：傲慢專橫，以恐懼感管制家人。[3]他有很多自戀型的性格障礙，例如極其自負；需要過度的推崇；幻想成功、權力和榮耀；驕傲或傲慢；覺得自己高人一等；認為自己獨一無二，理當獲得特殊的禮遇或特權等。美國精神醫療學會指出，有這種性格障礙的人通常會利用他人，並且缺乏同理心。[4]反社會行為雖是一種行為，但這種人通常很聰明，充滿魅力。他們知道如何拉近彼此的距離，馬多夫讓人覺得他是可以信賴又睿智慈祥的人，所以魅力很大，再加上他又可以輕鬆幫朋友、家人和客戶獲利，這又進一步提升了他的魅力。

個性：諷刺的是，馬多夫展現堅強的個性，他公開主張交易應該更透明，讚揚美國證券交易委員會（SEC）有效地監督市場——同時又欺騙他們的調查員。不過，他的「個性」權力主要是從別人那裡借來的，尤其是兩位像父親一樣的好友：紐約的地產大亨諾曼・勒維（Norman F. Levy）和凱溫瑟女性時裝製造商（Kay Windsor, Inc.）的創辦人卡爾・夏皮洛（Carl Shapiro）。他們兩個人都把馬多夫當成兒子看待，拍胸脯向朋友保證這個人，尤其是對紐約和棕櫚灘那些富裕猶太社區裡的居民。馬多夫的天分就是討好備受推崇的強者，接著再透過這些強者獲得「人脈」和「個性」權力。他不是專門鎖定富有的猶太社區，但很多受害者都是來自那些社區，因為他跟他們比較相似。一般人通常比較容易受到相似者的影響，馬多夫就是利用這點欺騙他們。

交情：馬多夫對勒維和夏皮洛等人，以及和他一起擔任董事或鄉村俱樂部的朋友有很大的「交情」權力，他也和很多連結基金的經營者培養出深厚的交情，例如費菲德格林威治集團（Fairfield Greenwich Group）的經營者渥特・諾埃爾（Walter Noel），他把數十億元的資金託付給馬多夫；科赫馬證券公司（Cohmad Securities）的羅伯・傑夫（Robert Jaffe），他是夏皮洛的女婿。還有很多人是來自這個緊密交織的人脈圈，事件爆發後，他們都說他們不知道馬多夫竟然是騙子。魔術師誘人上當的最佳方式，是以社群中備受敬重的人當誘餌，他們擁有廣泛的人脈，又可以為騙子發聲。

角色：一九九〇年代，馬多夫擔任馬多夫投資證券公司（Bernard L. Madoff Investment Securities LLc.）的負責人，有舉足輕重的「角色」權力，不僅有權指揮公司的人和營運（並犯下大規模的詐騙，還掩藏起來），也提供他平台及正當性，把自己塑造成博學成功的投資顧問。這番成就和角色給了他強大的「資源」權力，他擁有大量的個人資產，也掌控了數十億他人的資金。

資訊：當然，身為投資顧問公司的負責人，在金融服務業裡又是人脈亨通的領導者，馬多夫可以接觸大量的資訊。不過，更重要的是，很多人因此以為，他的投資績效斐然，必然是因為他可以獲得別人無法取得的特殊資訊。不然還有什麼方法可以讓他年復一年、月復一月都有那麼高的報酬？

人脈：這對馬多夫來說是早年的權力來源，他吸引更多的連結基金經理人、銀行和富人以後，他們又把馬多夫推薦給自己的朋友，於是他的人脈開始大幅地擴張。馬多夫不需要自己做太多的行銷，他有富有的忠實信徒幫他口耳相傳。

聲譽：一九九〇年起，馬多夫的投資名氣逐漸遠播，主要是透過投資人和連結基金的經紀人口耳相傳。二〇〇二年網路狂潮泡沫化，經濟陷入不景氣，他們很高興看到自己的投資仍有絕佳的報酬（每月的報表是如此顯示的）。馬多夫靈活地運用我在第八章所提到的「稀有原則」，他不是每個想加入的投資人都收，而是把他的基金塑造成獨特的上流俱樂部，讓人更想躋身其中。對投資人來說，馬多夫是會下金蛋的鵝。他的投資報酬相當一致，即使市場低迷時依舊不變，所以很多人不僅把所有的資金都交給他，還抵押房產來投資。那種報酬好到令人難以置信，但大家都不去質疑，完全被馬多夫所塑造的假象所迷惑，又深信自己有特權享有那些財富，心甘情願地暫停懷疑。

馬多夫的影響策略

二〇〇八年馬多夫被捕時，他有三千多位客戶，其中包括許多銀行（據報導，西班牙國家銀行〔Banco Santander〕的損失高達三十一億美元）和慈善機構（維瑟爾人道基金會〔Elie Wiesel Foundation for Humanity〕損失了三千七百萬美元）。馬多夫如何說服這麼多人把資金託付給他，為什麼連那些經常做實質審查的機構也會被騙？他是如何騙倒SEC，在多次調查之後還是幫他消除詐騙的嫌疑？簡單來說：他操弄了他們。他說謊，掩瞞真相，以精心製作的詐騙手法，說服大家相信不存在的東西確實存在。顯然，這種操弄是不道德的，但他也使用了一些正派的影響方法。

講理：要不是他掩瞞了處理投資人資金的真相，光用講理的方式根本過不了大家的仔細檢查，所以他拒絕揭露他如何創造優異的報酬，多數人也接受他的沉默，因為他們不希望失去投資的機會。就連SEC的調查員質疑他時，即使看到了矛盾之處，也因為馬多夫的權威表象而沒有再追問下去。他從一九六〇年代起就是華爾街的一大成員，又當過納斯達克的董事長。調查員在他的身分地位威嚇下，相信他的保證而不再追究。

以法為據：馬多夫經常使用這種影響方法，他依賴自己身為華爾街老手及納斯達克前董事長的權威，以及大家認定的財務天賦。他以紐約市口紅大廈的頂樓辦公室來偽裝派頭，以勒維和夏皮洛等朋友的權威來合理化自己的運作方式。諷刺的是，他也用SEC調查過並認定他的公司無罪，來為自己的公司和作法合法化。這種影響方式對有些投資人來說很有說服力，二〇〇八年十二月他被捕之前，他已經接受過SEC的多次調查，SEC從未發現他有問題。對投資人來說，還有什麼擔保比SEC的權威更大？

直述：這是馬多夫主要的影響方法之一。在他塑造的假象及他人給予他的權威支持下，他直接告訴大家是怎麼回事，大家都深信不疑。

交換：我們不太清楚馬多夫是否積極地交換利益，但他創造了誘人的虛擬交換，對那些把客戶送給他的經紀人和連結基金有很大的影響。他付給他們形同佣金的費用，請他們轉介客戶，他的資金管理服務也不收管理費，這在業界相當少見。愛琳·亞芙蘭（Erin Arvedlund）在《霸榮線上》（*Barron's Online*）寫道：「事實上，費菲德·格林威治（Fairfield Greenwich）之類的基金經理人還向投資人收取一·五%的管理費，那些管理費都沒有流向馬多夫，他管理私人帳戶也是不收費的。[5]」這種設計讓基金經理人只要把投資人的基金託付給馬多夫，就有高額的利益可圖，所以這種交換是隱約的：「把你客戶的資金轉給我，你就可以變得非常富有。」許多基金經理人都這麼做了，有些基金經理人也投入許多自有資金。

閒聊交際：大家都覺得馬多夫很有魅力，為人親切，但馬多夫並不以閒聊交際出名。不過，別忘了，社交影響技巧的目的是為了營造共通性，馬多夫是鎖定跟他一樣富有的猶太投資人，包括親朋好友，連他的妹妹及兒子都是受害者，這就是所謂的熟人騙局（affinity fraud）：詐騙跟你有很多相似點的人。當他的龐氏騙局發展到難以想像的規模時，馬多夫常拒絕和個別的投資人見面，這又進一步提升了他是投資大師、經營獨家俱樂部的形象。

動之以情：他連欺騙最親近的人都不會感到不安，所以他常用這種影響方式。

結盟：馬多夫精明地和經紀人及連結基金的經理人結盟，也有效運用社會認同的伎倆。龐氏騙局只有在新錢不斷流入時才能屹立不搖，所以他需要持續吸收新投資人。為了說服大家把資金交給他很安全、獲利又高，他舉其他投資的名人為例，例如夏皮洛和勒維。他的投資人包括匯豐銀行（ＨＳＢＣ）、阿瑟斯國際公司（Access International）、富通銀行（Fortis Bank）、特瑞蒙資本公司（Tremont Capital）、聯合私立銀行（Union Bancaire Privée）、蘇格蘭皇家銀行（Royal

Bank of Scotland）、耶希華大學（Yeshiva University）和許多基金會。[6]雖然馬多夫堅持基金和投資人別把他當成金融顧問，但是在口耳相傳下，這是很強大的社會認同力量。

最後，馬多夫的騙局在二〇〇八年金融危機後崩垮了。數十年來最嚴重的金融衰退，導致槓桿操作過度的投資人紛紛從投資帳戶提領資金，以彌補其他的虧損。一開始只是些微的驚慌，但是在房市崩盤及景氣低迷後，變成了群起擠兌。二〇〇八年十二月十日，馬多夫向兒子坦言一切都是騙局，他們通知律師，隔天聯邦調查局（FBI）逮捕馬多夫，結束了他的騙局。

像馬多夫那樣的操弄者是以欺騙的方式影響他人，他們的漫天大謊通常勾勒出誘人的情境。以馬多夫為例，他承諾持續兩位數的金融報酬。馬多夫利用稀有原則，讓獲利變成少數人獨享的獨門利益，強化了整個幻影。那種獨門利益不僅膨脹了他的自我價值感，也讓一些投資人跟著虛榮了起來，覺得有幸成為馬多夫的少數客戶是一種榮耀。那投資利益好到令人難以置信，但是他們都因為魔術師展現的閃亮前景而盲目投入，這也凸顯出操弄這種影響伎倆的一大重點：影響者說的謊言往往是被影響者亟欲相信的事物，所以他們才會心甘情願地暫停質疑。誠如馬基維利在幾世紀前說的：「人類很單純，也很想滿足眼前的需求，所以騙子永遠不缺詐騙的對象。」

做假帳

當管理高層的紅利和薪酬跟著公司的績效連動時，沒有道德操守的高層可能在可怕的誘惑下操弄盈餘，讓公司看起來比實際的績效好很多。做假帳是膨脹每股盈餘的方法，以便讓華爾街及股東對於公司的績效持續感到滿意、吸引新的投資者、創造紅利、提升薪酬並保障高階領導者的飯碗。管理高層可用會計手法影響許多的利害關係人，例如把該列為營業費用的支出資本化，誇大收益，或是為非經常性的費用編列過多預算。

百富勤系統（Peregrine systems）被發現資深高層假造銷售數字，並把虧損列為併購相關的商譽成本，被迫宣告破產。百富勤系統的十位資深領導者，包括執行長和財務長，都因詐欺罪名，鋃鐺入獄。安隆（Enron）、泰科（Tyco）、世通（WorldCom）、寶麗碧（Polly Peck，英國紡織公司）、廢棄物管理公司（Waste Management Inc.）、聯合電腦公司（Computer Associates）、國際商業信貸銀行（Bank of Credit and Commerce International）、艾德菲亞（Adelphia）等公司也發生類似的醜聞，導致投資人損失、公司破產、公司的高層遭到起訴。做假帳通常是共謀操弄的結果，因為一個高階管理者無法自己隻手遮天，所以常看到執行長和財務長一併遭到起訴（例如安隆和泰科），企業做下列的事情時，也是在操弄他人。

- 故意提供錯誤的產品資訊或使用誘餌銷售法（用廉價的商品吸引顧客，然後煽動他們購買更貴的類似產品）。
- 沒有揭露隱藏的費用或附加的費用。
- 以較小的字樣標示重要的免責聲明或注意事項。
- 在產品中加入添加物，卻未揭露事實。

- 在廣告中使用誇大或不精確的比價。
- 竄改照片，讓人或產品比實際狀況更具吸引力。

政府散播錯誤的訊息或誇大的宣傳時，那是在操弄；科學家和研究人員為了讓產品獲得核准或額外的研究經費而捏造結果時，那是在操弄；政治人物向選民承諾他無意履行的諾言時，那也是在操弄。在人類各方面的行為中，有時人們會操弄事實，扭曲真相，以勾勒出對自己有利或對他人不利的狀況，那些謊言都是為了用多種方式影響他人。操弄對於沒有道德操守的人來說很有吸引力，因為這很方便。像馬多夫那樣的騙子如果必須說實話，就無法影響他人了。對他們來說，說謊比較方便也比較有效（至少有時候很有效）。

虛假的奉承和其他形式的逢迎拍馬

每個人都會說謊，即便只是小小的謊言。你不敢對莎莉阿姨老實說你對她那件洋裝的看法，以免尷尬，所以你告訴她，你很喜歡那件洋裝。你家的狗沒有吃掉你的作業，但你又羞於承認你

操弄者講的謊言通常是被影響者亟欲相信的事，所以他們才會心甘情願地暫停質疑。

忘了寫。你不敢告訴老闆她的點子有多蠢，所以你說那點子「很有意思」、「很有啟發性」或「值得看看」。我們知道有時候需要稍微偏離事實，說那叫「善意的謊言」。這種行為也是想以操弄的手法影響他人，但是和馬多夫的大騙局相比，這種操弄顯然比較無害。但是當我們用虛假的奉承或逢迎拍馬來迎合他人或取得不公平的優勢時，這些操弄就不是那麼無害了，以下是一些例子。

- 一位野心勃勃的員工對老闆特別殷勤，老是附和老闆說的話，公開頌揚老闆的點子和領導。私底下和其他員工在一起時，他比較有戒心，但還是會說老闆的好話（他知道任何壞話都會傳回老闆的耳裡）。
- 一位年輕的專業人才一心想要晉升，她去上高爾夫球課，因為總經理也打高爾夫球，後來她也跟著學總經理所喜歡的其他興趣，她注意總經理和妻子在哪裡用餐、看什麼表演，然後也去同樣的地方，做同樣的事情。在走廊上閒聊時，她刻意提起他們都看過的表演或最近去了哪家餐廳（她知道總經理喜歡那家餐廳）。她把握每次機會，讓老闆知道她和他有多像，總經理並不知道她的動機，但是有升遷機會時，他就把機會給她了，因為他喜歡她的想法。
- 政府官員的發言室主任小心篩選收到的資訊，確保長官只看到他想讓她看見的東西，主任堅持每一份對長官所做的簡報都必須先讓他過目，讓長官接收到他想要呈現的印象。如此一來，主任影響了長官對某些他有既得利益的議題所抱持的看法。私底下，他告訴朋友他才握有實權。

- 實驗室的主任收到一份研究報告指出，實驗室生產的一種產品中的一項成分，可能對健康有害。在發表那份報告以前，他要求研究團隊以「有風險」替換「有害」兩字，因為他說他們的研究還不夠全面，不該使用那種令人擔憂的字眼。這家公司從未公開那份報告，或是知會用過產品的人那項成分可能帶來嚴重的健康問題。

說謊，掩飾，操弄性的逢迎都是想要製造假象，或勾勒出比實際更樂觀的情況來影響他人。大家使用這種負面或不道德的影響伎倆時，不只因為比較容易達到目的，通常也是他們唯一能得逞的方式。騙子操弄受害者，因為他們不用這種手段就無法讓人就範。政治人物的發言人操弄事實，因為這樣才能讓大家相信他所捏造的資訊。獨裁者把他的軍隊行動稱為「種族淨化」，而非集體屠殺，因為他講出真相會掀起輿論反抗。面對現實吧，一般人之所以使用操弄法，就是因為這種方法通常是有效的。不過，當他們想影響的人發現自己被操弄時，這種黑暗伎倆的缺點也會有很大的破壞性，會讓人權力大失，聲譽與人格大損。

有關操弄的見解

我的權力和影響力研究，透露出一些經常使用操弄手法者的一些有趣現象。

- 經常操弄者的整體影響力遠低於不常操弄者。操弄者也許可以成功地操弄某些人一段時間，但長期而言，他們的影響力比用正派方法的人小很多。
- 經常操弄者比較常用以下的影響方式：直述、以法為據、動之以情、結盟、閒聊交際。這種形態很像馬多夫那一型。這些操弄者使用直述法的頻率遠高於其他方法。當然，他們講的通常是謊言。接著，他們會嘗試訴諸權威，以合理化欺騙或依賴既有的交情。他們可能像馬多夫那樣找盟友在不知不覺中幫他們操弄其他的人。
- 他們最擅長使用直述法，第二擅長的影響方法是講理，他們可能會謊稱或操弄事實，但是他們知道如何讓論點及提案聽起來更合邏輯。
- 他們最強大的四個權力來源是資源、角色、資訊、人脈。像馬多夫那樣的操弄者，常掌控資源或擁有合法的權威，他們通常可以輕易取得資訊（他們會選擇性地使用資訊來操弄受害者對現實的看法），有不錯的人脈。
- 研究顯示，操弄者擅長堅持、請人幫忙、表現自信（這對他們塑造的表象很重要）、力陳主張、使用肯定的非言語表達、表現權威、輕鬆談話、友善對待陌生人。以下是騙子的形象：一方面很自信、有主見、執著；另一方面卻又很隨和，善交際。
- 經常操弄者比較不善於正派影響者所擅長的人際互動技巧，例如對他人展現真正的興趣，培養關係和信任（雖然機靈的騙子很會這點），關心他人的感覺和需求（操弄者通常缺乏同理心），化解他人之間的衝突和歧見，達成共識。最後兩種互動技巧是複雜的社交技能，需要深入了解他人，以及真心渴望促進和諧與合作。

保護自己免受操弄

精明的操弄者可能很難察覺，以下教你如何自保，以免受到不道德者的影響。

一、自我提醒，當任何事情好到難以置信時，可能就不是真的。

二、別相信外表。馬多夫給人的感覺是個慈祥、睿智的長者，但反社會者通常很善於偽裝自己，掩飾其動機和真實本性。你應該隨時保持謹慎，直到你真的很了解對方，才去相信他的意圖。

三、留意那些太友善、太褒獎或太迎合討好的人，他們可能是在耍把戲，利用「一般人通常對喜歡自己的人比較有好感」的原則。雖然有人喜歡你是一種不錯的感覺，但是那可能不是真誠的。

四、當有人提出的主張太正面時，她可能是為了達成自己的目的而操弄事實。在買下她推銷的神奇減肥藥、治脫髮祕方，或保證高報酬的投資策略以前，先仔細觀察，跟懷疑者談談，取得平衡的觀點。騙子往往遺漏了細節，他們在捏造故事時，會思考讓潛在受害者懷疑的反面資訊，所以他們勾勒出來的情境往往過於樂觀。

五、別暫停質疑，那正好是操弄者的目的。一般人之所以暫停質疑，是因為他們極度希望某事成真。最好退一步自問，你的需求是否矇蔽了你的判斷。

六、注意那種因為你很特別而找上門的交易。馬多夫的詐騙就是打著少數人獨享的幌子，受害者深信不疑，因為他們想要那種與眾不同的感覺。如果有人努力讓你覺得你很特別，要特別當心。

我知道「別相信任何人」（讀者可能從《X檔案》影集中聽過這句話）這個建議聽起來很像有被害妄想症，對生活中的每個人都抱持不信任感，可能是一種不愉快的感受。比較好的做法是假設多數人的意圖良善，並依照為人處事的準則行事——大致來講這是對的。但是在你把一輩子的積蓄交給慈祥睿智的老爺爺之前，無論他有什麼資歷和聲譽，切記，當事情好到令人難以置信時，你可能被魔術師給矇騙了。

觀念精粹

一、操弄是透過謊言、欺騙、詐騙等手法影響他人，揑造現實的假象。

二、操弄有令人討厭的一面，但是在人類歷史上仍扮演很大的角色，通常相當出名。

三、操弄要成功，受害者或被影響者必須心甘情願地暫停懷疑，這是詩人柯立芝率先提出的概念。操弄型影響者講的謊言，通常是被影響者亟欲相信的事情。

四、企業詐騙通常涉及做假帳，或是讓每股盈餘看起來比實際高。

五、「操弄」這種影響方式特別吸引不道德的人，因爲很方便。此外，說謊可能是他們達成目標的唯一方法。

延伸思考

一、你曾被操弄事實的人影響嗎？你是如何發現眞相的？你後來有什麼感覺？你對那個操弄者有什麼感覺？

二、你認識或看過有人想以虛假奉承的方式達到目的嗎？結果有效嗎？如果他們被揭穿了，後來對他們有什麼影響？

三、我在本章中提到，每個人都會說謊，即便只是小謊。你認同這個說法嗎？你曾爲了說服某人做某事或相信某事而說謊或欺騙嗎？你說謊曾被揭穿嗎？如果有，後果是什麼？假設欺騙有等級之分（從傷害最小到傷害最大），你覺得哪種欺騙傷害最小？在你看來，那樣做是不道德的嗎？哪種欺騙的傷害最大？

四、回想你認識的人中，誰用過操弄的手法影響他人？他們是怎麼做的？他們說了什麼謊？耍了什麼伎倆？他們的欺騙工具是什麼？他們騙了多久？後來是如何揭穿的？他們造成了什麼傷害？

五、如果有人叫你制定企業道德政策，關於操弄方面，你會怎麼寫？你如何定義操弄？什麼算是操弄，什麼不算？你如何幫大家在職場中發現操弄行爲並採取適當的行動？

六、不同職業的人應該有不同的道德標準嗎？如果是，哪種職業應該有較高的標準？哪種職業可以有較低的標準？爲什麼？

第十一章　以威嚇方式致勝

羅伯・林格（Robert J. Ringer）所寫的《威嚇致勝術》（*Winning Through Intimidation*）是一九七〇年代的非小說類暢銷書。這是個引人注目的書名，不過林格不是真的在教讀者以威嚇的方式致勝。他的意思是說，世上充滿了掠奪者，**他們**為了獲勝會使用威嚇法。林格認為，世界不是以我們所想要的方式運作的。如果你假設每個人都是公平、誠實、光明磊落的，那是件很危險的事。心術不正的人會利用你，所以你要格外小心。林格說的沒錯，當有人想以威嚇的方式領導或影響他人時，他們想要讓情勢對他們自己有利，不希望你覺得還有其他的安全替代方案，他們希望你因為恐懼、焦慮、不安和自我懷疑而就範。

以威嚇影響他人的方法有很多種：欺凌、霸道、辱罵、嘲弄、貶低或下流的言論、不屑、以不當或討厭的方式觸碰某人、干擾他人的工作、阻礙他人進入或離開，公開譴責或令人難堪等等。威嚇可能是對認知、心理、情緒或身體方面的影響。有道德的影響特質之一，是被影響人有權說不，而且說不也不會受罰。以威嚇影響他人時，通常是否定他人說不的權利，所以威嚇是一種支配與控制的策略。威嚇者覺得這個策略很方便（迅速有效），萬無一失（威嚇他人時，他們比使用其他有道德的方法更有自信），或是他們預設的方法（因為通常有效，後來就變成他們主要的影響方式）。

威嚇如何影響他人

威嚇是透過恐懼或不安來影響他人。一般人受到威嚇時，會挑比較放心的賭注，而不是高風險的賭注。他們會聽從警告，而不是忽略它。威嚇會改變他們的行為，壓縮他們的選擇，讓他們覺得不甘願，或是把他們逼到角落。或者，威嚇也可能讓人變得唯唯諾諾，太容易答應一切，太相信應該要留心注意的事。馬多夫有些客戶就是受到他的威嚇，他以此來操弄他們。麥可・喬登的對手也受到威嚇。喬登在職業生涯的顛峰期表現非常亮眼，有些球技普通的球員一想到上場要和他對打，就感到畏懼不安。任何明星運動員、棋藝冠軍、獲獎肯定的演員、備受讚揚的建築師、知名的企業領導者都可能產生這種效果。當你是晚餐俱樂部的一員，其他的女主人都是名廚，而你只是手藝還不差的廚娘時，這種感覺也可能很嚇人。這也凸顯出威嚇的一個重點：威嚇有可能不是故意的。

被動式威嚇

被動式威嚇是出現在影響者無意威嚇他人的情況，他只是想盡其所能罷了。我的晚餐俱樂部經驗就是一例。內人和我及一群夫妻共組晚餐俱樂部，每個月到某對夫婦家用餐。男主人和女主人負責準備晚餐及供酒。米雪兒是成員之一，家住華盛頓特區，她有替五十人以上的大團體準備晚宴的經驗。每次輪到米雪兒伉儷主辦晚餐時，他們提供的用餐經驗都讓其他人相形失色。所以輪到我們主辦時，我們會想要卯足全力提供媲美米雪兒家的經驗。米雪兒並不是故意把我們比下去的那種人，但是當她盡全力主辦晚餐時，卻讓人畏懼。以下是其他被動式威嚇的例子。

- 一名學生在班上總是表現優於其他同學，他其實一點也不自大或自以為無所不知，他只是非常聰明，比其他人更努力用功，家長也很積極參與他的教育，以確定他的表現優異。但是有些同學跟他一起上課時，不願意回答問題，因為他們害怕答錯，跟他相比顯得自己很笨。
- 顧問團隊的某位成員比其他的成員更有經驗，她很努力工作以確保分析周延、精確和徹底。她為客戶做的簡報明顯比其他成員優異，其他人再怎麼努力都比不上她。有些人喜歡和她同一組共事，因為彼此競爭有助於提升自己的績效，又可以從她身上學習；但有些人避免和她同組，因為他們不管做什麼都不夠好。
- 鄉村俱樂部的某位成員本來是很優秀的職業高爾夫球手，但他後來轉行了。當他和俱樂部的其他成員打高爾夫球時，他的成績遠比大家都好，這讓有些人望而生畏，不想跟他一起打球。他們寧可找球技相當的人打球，打不好時還可以開開玩笑，沒有競爭的感覺。當你竭盡所能卻永遠比不上別人看似毫不費力的傑出表現時，這可能會令人畏懼。

- 飛行學校的一名學員是天生的飛行高手，她很聰明，有駕駛飛機所需的一切本能，不管嘗試什麼都做得很好。她有一種悠閒自信的態度，讓技巧沒有那麼好的學員望而生畏，其他人必須比她加倍努力才能達到她的水準。

有些人令人畏懼只是因為他們比較聰明、準備充分、敏捷、強健、有天分、有成就、地位高、外貌佳、穿著好、有錢、勇敢或博學。他們可能因為角色、頭銜、經驗、財富、名氣或自信而令人畏懼，或是因為屬於某些人無法進入的俱樂部而令人畏懼。資深老手相對於菜鳥，將軍相對於士兵，副總裁相對於職員，皇后相對於平民，主教相對於普通信徒可能都有威嚇效果。不過，當影響者只是表現真實自我，無意逼人服從或強迫他人選擇不喜歡的事物時，那就是被動式威嚇。

主動式威嚇

主動式威嚇則截然不同，刻意以威嚇影響他人的人知道自己在做什麼，他們用這種方法取得自己想要的東西。被動式威嚇不是暗黑的影響伎倆，因為那不是故意的，但主動式威嚇就算是暗黑的伎倆了。影響者意圖否決被影響者說不的權力，使用這種伎倆可能破壞他們之間的關係。以下是主動式威嚇的例子。

- 個頭壯碩的人插隊，而且怒目瞪著質疑他的人。他的行為或許不會嚇到所有人，卻讓多數人心生畏懼。
- 在一件醫療疏失的訴訟案中，被告的首席律師指派了一大群助手參與案子，並要求他們開庭時坐在他後方。原告的律師只有一位律師老友坐在他身邊，覺得對方的氣勢完全壓過了自己（參見電影《大審判》〔*The Verdict*〕裡的保羅・紐曼和詹姆斯・梅森）。
- 一名女子找客服專員要求退費（雖然她並未在那家店裡買過東西），客服專員請她出示收據，那女子宣稱收據丟了。她的嗓門很大，站在離客服專員很近的地方，尖酸地抱怨店家及店員。她一直抱怨到客服人員讓步為止。
- 在高階管理者的會議中，一位管理者主導了討論，他只在乎自己的事業單位，拚命為可以改善其單位績效的一切事物遊說，根本不管公司整體要付出多少代價。他就像俗話說的「會吵的孩子有糖吃」，只在乎自己，個人利益優先。他認為他的職業生涯只要自己好就夠了，公司的其他單位表現好壞都無所謂。他的老闆想鼓勵事業單位之間的競爭，所以放任他的舉動，這也導致其他的管理者覺得，想在這種殘酷的環境中生存，就必須先顧好自己的利益，其他人受害也無所謂。

以威嚇影響他人時，通常是否定他人說不的權利，所以威嚇是一種支配與控制的策略。

- 高中裡，一群來自富裕家庭的漂亮女孩備受注目，她們自成一個小圈圈，貶抑其他沒有優勢背景的女孩；運動員常聚在一起嘲笑書呆子；一群聰明的小孩傲慢地批評課業不如他們的學生。
- 一群來自某文化的談判者在準備周全後上場談判。在談判期間，他們常用對方聽不懂的母語私下交談。他們和總公司對話之後，又常改變心意，把一些原本談好的議題又提出來重新協商。他們以蔑視的態度對待另一方，不在乎是否破壞和對方的關係。他們以這種伎倆及其他類似的伎倆擾亂對方，唯一的目的只是想贏得談判。
- 一位資深的房地產經紀人常對潛在客戶吹噓個人的成就及對市場的了解，同時貶抑其他的房地產經紀人，他說沒有人跟他一樣傑出、有能力。他無疑相當成功，但是他自己塑造出來的個人形象，意味著其他經紀人都無法幫買家找到更好的交易（儘管客戶只要費心去查，就可以查到很多反例）。其他的經紀人都知道他是怎麼運作的，有些經紀人得知潛在客戶也找他時，會感到畏懼，他們擔心給客戶留下不好的第一印象，所以在會見潛在客戶以前感到焦慮。有時他們一如那位狡詐經紀人所預期，在會見客戶時表現失常，尤其他們想跟他一樣虛張聲勢卻無法得逞的時候。

主動或刻意的威嚇有很多種形式，例如口頭奚落或辱罵、恫嚇式肢體語言、情緒操弄、霸凌、不當觸摸、侵犯個人空間、視覺威嚇、身體干擾。

口頭奚落或辱罵：兩支美式足球隊的球員在開球前各自排成一列，面對彼此。一位防守邊衛開始奚落對手，唱衰他、他的球隊、能力和祖宗八代，以及任何令對方感到不安的言詞。球賽開始後，這種言語謾罵持續進行，而且愈來愈糟，最後進攻球員揮拳打了防守邊衛，造成個人犯規。裁判離開罰球線時，防守邊衛不禁露出微笑——那正是他的目的。言語奚落在體育活動中很常見，目的是威嚇對手，打擊對方的自信，讓他們失去沉著。

這在日常生活中也很常見，言語威嚇發生在咒罵他人、在眾目睽睽下戲弄他人、嘲笑或貶抑他人的時候。工作上一群男人當著女性同事的面講黃色笑話也是一種言語威嚇。這種行為通常是從求學時期就開始的，對比較纖弱或不同的同學展開言詞奚落，這也是高中生不敢坦言自己是同性戀、對體育沒有興趣、受到排擠或無法加入主流團體的原因。對施虐者來說，威嚇的言語有雙重目的：貶抑和懲罰較弱的人，提升施虐者的自尊和主流文化的身分。言語威嚇的影響方式是限制受害者的選項，把受害者隔離在主流之外，逼受害者做他不想做的事。

言語威嚇也可能是猥褻的言語或暗示性的建議，例如單身女員工打扮特別誘人時，老闆表示讚賞；老闆暗示姿色不錯的員工，如果想升遷就需要留下來加班；管理者告訴新進員工，他很帥，可以當男模特兒等等。通常，不當的暗示或評論是來自當權者，目標是比較弱勢或地位較低的個人，意圖則是威嚇弱勢者順從或是屈服。雖然這種行為可能構成性騷擾並招致嚴厲的懲罰，但偶爾還是會發生。

恫嚇式肢體語言：一隻凶狠的狗毛髮豎立，讓自己看起來身形更大，更凶惡。牠嗥叫，齜牙咧嘴，滴著口水，緩步向前，雙眼緊盯著目標，身體繃緊，準備在一看到挑釁或軟弱的跡象時就躍身而出。這隻狗透過肢體語言，試圖引發對方的恐懼，削弱決心，逼迫屈服，威嚇就範。大猩猩搥打胸膛；公牛大力噴著鼻息，低頭挺出牛角；響尾蛇搖著尾巴，發出聲響；螃蟹揚起蟹螯。所有的動物都有讓自己看起來更有威脅性的方式。人類的身體反應可能不一樣（只有少數人會吼叫，滴著口水），不過我們也有表達威脅性的肢體語言。

母親對調皮的孩子感到不滿，在吃飯時一直瞪著他；比賽的一方刻意忽略其他的對手，彷彿不把他們放在眼裡；街頭流氓看到敵對的幫派分子開車經過，比出猥褻的手勢（可能煽動對方加碼威嚇反擊）。一般人常用討人厭的手勢、表情（怒目而視、板著臉、皺眉、瞪人、扮鬼臉、吐舌）、語調（刺耳、責罵、不屑、輕蔑等等）來威嚇他人。

情緒操弄：玩弄他人的情緒是令人痛苦的威嚇，可能產生極大的破壞效果。例如，梅根．麥爾（Megan Meier）的父母發現，女兒在網路男友喬希．艾凡斯（Josh Evans）開始對她惡言相向，並在 MySpace 上寫了「這世界沒有妳會更好」後自縊。梅根當時十三歲，跟艾凡斯在網路上通信了幾週，他們的交談愈來愈曖昧。艾凡斯十六歲，是梅根交往過最帥的男孩。艾凡斯對梅根表達愛意，這令梅根相當興奮，後來艾凡斯突然開始辱罵她，說他不喜歡她對待朋友的方式。這兩個青少年在 MySpace 上互罵了一小時。那段期間，關注他們彼此辱罵的青少年也加入戰火，傳了一些辱罵及惡劣的訊息給梅根。梅根難過地躲回房間啜泣，她的母親蒂娜．邁耶（Tina Meier）後來發現，梅根以皮帶在衣櫥裡上吊自殺。

六週後，蒂娜發現名叫喬希・艾凡斯的男孩根本不存在，那是四十七歲的羅芮・德露（Lori Drew）在網路上創造出來的虛擬分身。羅芮是他們的鄰居，她女兒曾是梅根的好友。羅芮認為梅根一直在講她女兒的壞話，所以創造出艾凡斯來窺探梅根。可悲的是，這計畫後來一發不可收拾，變成殘酷的騙局，並導致梅根自殺。儘管羅芮的舉動引發眾怒，但她並沒有因為導致梅根自殺而受到法律制裁，只因違反《電腦詐欺與濫用法》被處以輕罪，但後來也翻案變成無罪。不過，羅芮的舉動的確促使一些地區修改了網路霸凌的刑法。

羅芮的舉動顯然是一種操弄，但我在這裡討論這個個案，而不是在第十章討論，是因為情感操弄是一種威嚇的影響方式。先讚美脆弱的人，然後再加以譴責；或是先給予關愛，然後再始亂終棄；或支持貧困者，然後再斷然拋棄，這些都是情緒的操弄，對受害者來說可能有極大的威嚇效果。在某人的臉書或MySpace的網頁上寫惡毒、褻瀆或侮辱的訊息，是讓人恐懼、攻擊他人自尊和自信的方式，尤其是在對方情感並不成熟或脆弱的時候，惡霸都很清楚這一點。可惜，網路給了這些惡霸很大的權力，遠遠超過了他們謹言慎行、尊重、展現人性的能力。

霸凌：霸凌有可能出自單人之手，不過通常是多人欺負一人的威嚇形式。惡霸通常不喜歡獨自行動，身後常跟著一群同夥壯膽，讓他們更有勇氣威嚇受害者，例如電影「聖誕故事」（*A*

主動或刻意的威嚇有很多種形式，例如口頭奚落或辱罵、恫嚇式肢體語言、情緒操弄、霸凌、不當觸摸、侵犯個人空間、視覺威嚇、身體干擾。

Christmas Story）裡的惡霸史考特・法庫斯（Scut Farkus）；哈利波特系列裡的跩哥馬份（Draco Malfoy）和史萊哲林的惡棍伙伴；約翰・傑維德・倫德維斯特（John Ajvide Lindqvist）的小說《血色童話》（*Let the Right One In*）裡的康尼（Conny）和他的爪牙馬丁（Matin）與安得雷斯（Andreas）。在這些例子中，受害者受到的威嚇，不只是惡霸的尖刻言詞，還有整群流氓所帶來的威脅：受害者的孤立無助（受害人大多沒有盟友可以對抗威脅），以及揮之不去的威脅感（那威脅持續存在，直到受害者抵達臨界點，終於屈服或想辦法反擊）。

校園霸凌比許多人所想的還要常見，導致一些脆弱的青少年因不想再繼續受苦而自殺。不幸的是，這也經常發生在職場上。職場上的霸凌可能是謾罵、情緒操縱、激進的行為、滋擾或破壞受害者的工作空間或產品。朱蒂絲・費雪—布蘭多（Judith Lynn Fisher-Blando）在談職場霸凌的博士論文中提到：「七五％的研究參與者表示，他們在職業生涯中曾經目睹同事受到苛待，47％說自己在職業生涯中曾遭到霸凌，二七％坦言過去一年內自己曾是霸凌的目標。[1]」職場惡霸鎖定的目標，可能是他們認定的對手，他們認為和組織文化不搭的人，或他們覺得績效不好的人。就像校園裡一樣，在職場上表現不同時，往往容易遭到霸凌。

不當觸摸和侵犯個人空間：雖然觸摸他人的肩膀或手臂在某些文化中可能是友善的姿態，別無惡意，但這卻不是放諸四海皆準的，有些人會用這種方式來影響他人。以意想不到或不受歡迎的方式觸摸他人可能令人畏懼，尤其觸摸別人者又是陌生人或帶有威脅性的時候。如果受害者已經表示他不喜歡那樣的行為，但觸摸並未停止，那更令人害怕，彷彿作惡者在說：「我可以隨意侵犯你的個人空間，你也阻止不了我。」

即使沒有身體接觸，也可能產生這種威嚇效果。每個人的心理安適區因文化及個人而異，但一般而言，多數人喜歡在自己和身旁的人之間維持約六十公分的距離，與對面的人距離稍遠一些，與後方的人距離稍近一些。我們在公開場合時，當別人（尤其是陌生人）和我們之間大於這個距離時，我們感覺最為自在。如果有人靠得太近，可能會令我們感到不舒服、不安，甚至害怕，所以只要貼近某人，或靠得太近就可能產生威嚇效果，尤其對方特別壯碩或具有威脅性時，更令人害怕。

視覺威嚇：視覺威嚇有多種形式，從納粹親衛隊的骷髏頭徽到三K黨的燃燒十字架，從排他標誌（「只限會員」）到煽動性的海報（「嬰兒殺手」、「我們會擊垮你」、「豬玀們去死吧」），從銀行搶匪的面罩到美式足球員眼睛下方畫的黑線都是。一群抗議者燃燒旗幟就是一種視覺威嚇，一排鎮暴警察向著暴民前進也是。在納粹德國，穿長統馬靴的士兵隊伍在街上行進，手臂一致高舉，行納粹軍禮，那就是為了產生威嚇效果。前蘇聯的勞動節閱兵大典也是如此，以成排的坦克和導彈經過閱兵台，並用攝影機把場面傳播給蘇聯領袖想要威嚇的對象。展現權勢與力量，或是威脅和蔑視，目的都是為了恐嚇潛在對手，直到對方完全迴避對抗；或即使對抗，也會遭到削弱並感到害怕。視覺威嚇很有效果，所以大家才會繼續使用。

身體干擾：防止有人進入或離開某處也可能令人畏懼。一群不良少年在遊樂場的門口遊蕩，其他少年想要進去必須先經過他們那一關，有些人可能因此決定不進去了，有些人則是害怕對抗他們，尤其是獨自前往的時候。在學校遭到同學霸凌的女孩想上廁所，但有三個跟她對立的女同學杵在廁所門口，逼她改用其他樓層的廁所。某工地的女勞工進入行動廁所，一些男同事圍著廁所，不讓她出來。他們傾斜和搖晃行動廁所，接著把廁所翻倒了，害她受傷，全身沾滿了穢物。

最後一例是二〇〇五年的電影《北國性騷擾》（*North Country*）裡所描繪的情境，電影情節是改編自明尼蘇達州北部鐵礦場的性騷擾實例。那位女性遇到了本章提到的一些威嚇手段，但顯然女性並不是威嚇手段的唯一受害者。古往今來，惡棍也運用這些黑暗伎倆威嚇男性，逼迫他們遵守或服從。威嚇是為了掌控而濫用權力，惡棍之所以用這種方式，是因為這很容易達到目的。我們這輩子大多曾是威嚇的受害者。

史基林和法斯陶的騙局

二〇〇一年安隆崩解，那是當時史上最大的企業弊案（後來二〇〇二年又出現世通公司，二〇〇八年出現雷曼兄弟）。安隆在鼎盛時期，是全美第七大公司，也是華爾街的寵兒。一九九〇年代，安隆的盈餘創下紀錄，成長幅度更是空前，還有備受推崇的領導團隊。但後來發現，安隆不像表面上那樣，是個穩健的獲利機器，它的崩解是個欺騙、貪婪、傲慢的故事，更是使用威嚇致勝的實例。

使安隆急速崛起並殞落的主要人物之一，是傑佛瑞·史基林（Jeffrey Skilling）。一九五三年，史基林生於匹茲堡，他聰明又有抱負，從小就比較性急。從伊利諾伊州的高中畢業後，他在南衛理公會大學取得應用科學學士學位，後來申請哈佛商學院。在哈佛的入學面試中，面試官問他是否聰明，根據報導，史基林當時回答：「我聰明極了。」他的確是，他以優異的成績從哈佛畢業後，加入頂尖的麥肯錫公司，後來成為該公司史上最年輕的合夥人及董事。史基林在麥肯錫的休士頓分公司工作，一九八〇年代末期在那裡成為安隆的顧問。安隆的執行長肯・雷（Ken Lay）對他的精明能幹印象深刻，一九九〇年雇用他擔任安隆財務公司的總裁。一九九一年，史基林升任安隆天然氣服務公司的董事長，一九九七年成為安隆的總裁兼營運長。二〇〇一年二月在肯・雷卸任後，他接任為安隆的執行長。

安隆前執行長史基林被捕後。

史基林率先推動兩項概念，後來導致安隆的瓦解：輕資產策略（asset-light strategy）和市值計價的會計原則（mark-to-market accounting）。一九八五年聯邦政府開放天然氣事業，位於休士頓的休士頓天然氣公司和位於奧馬哈的英特北管線公司

（Inter-North）合併後，成為安隆天然氣公司。安隆是執行長取的名字，那家公司擁有管線、廠房及其他有形的資產。但史基林覺得，如果安隆主要作為能源的批發商或交易商（能源生產者及消費者之間的中介者），公司就可以賺更多錢。他積極打造安隆的交易事業單位，而不理會在重資產事業單位裡工作的人，這項策略也獲得雷．肯、安隆董事會以及華爾街的支持，因為交易事業是一種創新，而且獲利不錯。

市值計價的會計原則，讓公司根據資產的現值或未來預期的市場評價來認列價值，而不是以資產的成本認列。銀行和投資公司以市值計價法，根據市場改變的狀況來認列價值波動的資產，例如共同基金或衍生性商品就是如此。但是這種會計方法從未使用在能源業，後來史基林說服美國證券交易委員會，安隆才被允許使用。對很多人來說，這做法毫無道理可言，它讓安隆在合約第一年就認列十年期天然氣合約的預期收入；即便在天然氣尚未輸送，未來的現金尚未入袋，而且合約在未來某個時點也可能出售或取消的狀況下。

這種會計作法是為了誇大安隆的認列收入，也因此創造出一隻大怪物。史基林決心持續拉抬安隆的股價，那是他領導公司的背後動力，也是他在內部會議裡所一再強調的重點。為了達成目標，公司必須不斷發布愈來愈有利的數字：更高的營收、絕佳的獲利和驚人的成長。當你把長期合約的全部營收都集中到第一年認列時，你每年都必須認列龐大的事業並隱藏任何損失，以創造出持續成長的表象，這等於安隆把自己變成了一個龐氏騙局（Ponzi scheme）。

史基林的主要共犯是安德魯．法斯陶（Andrew Fastow）。法斯陶是塔夫茨大學的經濟系畢業生，在西北大學獲得MBA學位，最初在芝加哥的大陸伊利諾國民銀行（Continental Illinois National Bank and Trust）任職。他在那裡學到資產擔保證券的專業，那是讓金融機構把風險資產移出資產負債表的策略。一九九〇年，史基林雇用法斯陶，後來法斯陶升任為安隆的財務長。在安隆，法斯陶負責一些按市值計價以外的可疑財務作法。例如，如果安隆的交易員某天以十五萬美元買進天然氣，隔天以十五萬六千美元出售，安隆認列的營收是十五萬六千元，而不是六千元。這種作法讓公司的營收數字看起來更驚人了。

安隆財務長法斯陶精心打造空殼計畫以掩藏損失，為投資人勾勒出樂觀的未來遠景。

法斯陶也設立一些特殊目的實體（special purpose entities，簡稱SPE）來隱藏可疑的商業交易（例如賠錢的合約），讓損失不會出現在投資負債表上。為了彌補投資這些SPE的投資人，安隆發給他們安隆的普通股。不僅如此，法斯陶還親自領導許多自己所一手創立的SPE，讓安隆與SPE協商時，他同時代表雙方協商交易。雖然這顯然有利益衝突，對此卻沒人提出質疑。史基林後來表示，他覺得法斯陶並未從那些SPE中獲利許多，其實不然。事實上，法斯陶因違反利益衝突，橫越了用來保護投資人及避免詐欺的道德圍欄，從中圖利了數千萬美元。

史基林和法斯陶在安隆主事多年，為自己賺進了數億美元，並以威嚇的方式達成想要的目標。史基林以強勢、傲慢、外放的風格威嚇員工。他也是自信、能言善道、有說服力的演說家。當他吹噓安隆的事業及光明前景時，大家都信以為真。當然，大家都想相信他描繪的狀況，蓬勃的九〇年代讓很多人賺了很多錢，他們都亟欲確定這種大好景氣能夠持續下去，史基林也樂得迎合大家的想像。而且，他看起來也不像是在刻意欺騙眾人，直到最後，眼看一切脫序，變得一發不可收拾，他依舊相信自己，因為他非常相信自己的天分以及絕對錯不了的判斷。

驅動史基林人生的主要動力，是他的精明頭腦而非價值觀。這是他的特色，導致他自大，而且無法容忍智力不如他的人。他是從哈佛商學院及麥肯錫公司出來的，哈佛以吸引頂尖的商學院學生著稱，而麥肯錫則以雇用最優秀的人才聞名。史基林深信他比大多數進入麥肯錫的聰明人還要優秀與卓越。在安隆的時候，他也想打造麥肯錫那種菁英氛圍，所以他提升招募人才的標準，去頂尖的商學院徵才，推行嚴苛的績效評估系統（又稱「考績定去留」），給予績效最好的交易員大量的獎賞，績效吊車尾的一〇%則被迫離開。不久，安隆的企業文化也出現史基林那種優越感。貝森妮．麥可琳（Bethany McLean）和彼得．艾金德（Peter Elkind）在描寫安隆的著作中提到：「安隆裡隨處可見一種態度，那就是安隆人總是比別人優秀。在會議上，史基林會公開嘲笑對手。[2]」

史基林就像許多自傲的聰明人一樣，無法容忍「老是聽不懂」的人或膽敢質疑他的人。某次和分析師進行電話會議時，史基林的威嚇特質表露無遺。華爾街分析師理查・格魯曼（Richard Grubman）對於安隆的財報缺乏透明度感到不安，建議投資人出售安隆的股票。在電話會議中，分析師表示安隆是業界唯一沒跟著季度盈餘公報，提供資產負債表或現金流量表的公司。史基林回應：「好，很感謝，我們很感謝你……這個混帳。」在一群天然氣管線的工人之間講這種話，也許稀鬆平常；但是在公開場合，又有其他的分析師在場，這種無禮的言辭令人震驚。「那是一種威嚇。」另一位在場的分析師說，「史基林等於是告訴長期的股東，他不會理會那種壓力，他只會繼續說公司的前景很好，像格魯曼那樣的人沒有資格參加會議，不值得回應。[3]」

如果史基林的威嚇工具是自大，法斯陶的威嚇工具就是他的地位及伴隨而來的權力。身為安隆的財務長，法斯陶掌控公司裡價值數十億美元的合約。一般銀行、投資銀行、稽核師都知道想要獲得或繼續做安隆的生意，就必須把法斯陶打理得服服貼貼的。麥可琳和艾金德指出：「法斯陶對於安隆需要的銀行與金融服務要給哪家公司來做，握有絕對的決定權，而且他很會交換條件。銀行必須出錢支持ＬＪＭ２（法斯陶的一家ＳＰＥ）才能保留其他的生意。[4]」二〇〇一年秋季安隆崩解時，旗下共有數千個ＳＰＥ，很多銀行和投資人都不知道安隆是如何持續賺那麼多錢的，但大家也不太想仔細探查，因為他們也樂在其中，不想就此結束。任何仔細檢視安隆狀況的人，都可能遭到史基林的蔑視和法斯陶的威脅。二〇〇一年夏季，史基林已經機靈地發現事情的發展，他知道安隆即將崩解，在八月以「個人因素」為由請辭，並開始出售安隆股票。法斯陶則是繼續留在安隆，但是在公司營運開始生變、銀行對他失去信任後，他便遭到革職。

安隆崩解後，成千上萬的退休基金和投資散戶損失了數十億美元，史基林、法斯陶和其他共謀的安隆高階管理者因涉案而入監服刑。當然，製造這整齣騙局的高階管理者不僅對安隆的崩解有責任而已，調查該案的記者寇特・艾肯沃德（Kurt Eichenwald）指出：「驚人的無能、無理的自大、汙損的道德、蔑視市場判斷都是導致這起悲劇的主因。最終而言，安隆的悲劇在於一群聰明人知道如何操弄規則，卻沒有足夠的智慧，了解當初為什麼會制定這些規則。[5]」

從領導和影響的觀點來看，安隆崩解事件給我們的最大啟示是：當有人想以威嚇致勝時，那是因為他們是惡霸或騙子，不想花時間使用有道德的影響方式。每當企業領導者、政治領袖或任何領導者以威嚇方式達成目的時，那是因為他們隱瞞了什麼，認為對人坦白比較無法像使用權力逼迫那樣的達成目標。對於這種人要特別當心。

有關威嚇的見解

有關權力和影響力的研究顯示，以威嚇方式影響他人的人，長期而言比不用這種方式的人更沒有影響力，部分原因在於威嚇者主要是依賴兩種影響技巧：直述和以法為據。他們要不是大膽主張（不讓人質疑），就是訴諸權威。他們採「推送」方式，而不是用請教諮詢、為人表率、閒聊交際、講理等「拉近」方式。「推送」方式是逼人遵守，「拉近」方式則是邀人認同或促進合作。威嚇者是惡霸，所以他們用直述法的影響較大，用社交或啟發型影響方法（例如閒聊交際、請教諮詢、交換、為人表率、動之以情、結盟、訴諸價值）的影響較小。

威嚇者最強大的權力來源是角色和資源（例如法斯陶），以及資訊、人脈和知識（例如史基林）。他們最弱的權力來源是魅力（讓人喜歡你的能力）和交情（來自密切關係的力量）。附錄A充分說明了所有的權力來源。

威嚇者評價最高的技巧是堅持、主張、自信表現、使用肯定的非語言表達、講理、傳達活力和熱情、使用令人信服的語氣、展現權威。這些特質合併來看，很像在描述史基林的經營風格。相反的，威嚇者評價最低的技巧，包括敏銳關注他人的情感與需要、運用權威但不讓人覺得強勢、化解他人之間衝突和歧見、仔細聆聽，建立共識、對他人展現真正的興趣、培養關係和信任。惡霸都不是省油的燈，不然他們就不會用威嚇法達成目的了。

面對威嚇者時如何自保

威嚇者是實用主義者，他們使用威嚇法影響他人是因為那樣做有效。當那種方式無效時，他們通常會改採其他的方法。所以面對威嚇時，自保的第一步是不受威嚇，這當然是說的比做的容易。威嚇之所以有效，是因為它利用我們最原始的情緒：恐懼。如果某位傲慢自負的高階管理者提出你看不懂或無法接受的帳單，你又不敢質疑，那他就贏了（靠威嚇的方式贏了）。如果某家公司的財務長堅持要你參與某個不道德、有利益衝突或感覺不對勁的交易，你怕丟了生意而答應他，那他就贏了（靠威嚇的方式贏了）。你應該挺身反抗惡霸，拒絕被他威嚇。

我承認這在實務上可能很難做到，所以如果獨自反抗不切實際或令人畏懼，也許你可以找盟友幫你挺身而出。當那個惡霸是老闆或有權勢的人時，也許你沒有力量質疑他。不過，運用勢力達成目的的人，通常也會尊重與回應反抗他們的力量。所以個人力量無法成功時，結盟或許會有效。講理和訴諸價值用在惡霸身上不太可能奏效，通常惡霸了解的唯一語言，是他們自己講的語言，所以面對惡勢力，應該反擊惡勢力。面對想持續以威嚇方式得逞的人，結盟是對抗他們的最好方式。

如果你就是使用威嚇伎倆的人

如果你經常有意或刻意地使用威嚇方法達成目的，你應該要知道這種方便的手段可能破壞你和對方的關係，長期而言，影響效果也會比有道德的影響方式差。你終究會像所有的惡霸一樣，為了運用勢力和恐懼逼人就範而付出代價。你可能會得逞一陣子，但是報應終究會來，你應該運用其他的方式領導與影響他人。

觀念精粹

一、威嚇包括欺凌、霸道、辱罵、嘲弄、貶低或下流的言論、不屑、以不當或討厭的方式觸碰某人、干擾他人的工作、阻礙他人進入或離開，公開譴責或令人難堪。

二、威嚇是意圖否定他人說不的權利，所以是一種支配與控制的策略。

三、被動式威嚇是出現在影響者無意威嚇他人的時候，他只是想盡其所能罷了。先天比較聰明、敏捷、有天分、有成就的人容易對人產生威嚇的效果。

四、主動式威嚇是刻意讓人恐懼、焦慮、不安或自我懷疑，進而影響對方。

五、領導者以威嚇方式達成目的時，那是因爲他們隱瞞了什麼，他們認爲對人坦白比較無法像使用權力逼迫那樣達成目標。

六、威嚇之所以有效，是因爲它利用我們最原始的情緒：恐懼。面對威嚇時，自保的第一步是拒絕受到威嚇。

延伸思考

一、每個人都有遭到威嚇的經驗，回想一下有人威嚇你的情況，你覺得那個人的哪一點令你畏懼？這個威嚇對你有什麼影響？

二、你知道哪個領導者是以威嚇法影響他人？他們爲何成功或不成功？

三、你曾經勇於反抗威嚇你的人嗎？你做了什麼？感覺如何？結果如何？

四、你曾經威嚇過他人嗎？你怎麼做？結果發生了什麼事？你的威嚇是被動的、還是主動的？

五、如果你令人畏懼（無論是什麼原因），你該如何改善，才不會讓人那麼畏懼？

第十二章　讓他們甭想拒絕

威脅

在馬里歐・普佐（Mario Puzo）的著作《教父》中，唐・克萊奧內（Don Corleone）以威脅的方式，說服幫派頭子解開乾兒子所受到的合約束縛。克萊奧內的親信持槍頂著幫派老大的頭，克萊奧內告訴他，在他們離開以前，要不是他的腦漿，要不就是他的簽名留在合約上。幫派頭子簽名了，教父使用的影響方式就是開出讓對方無法拒絕的條件。

在克萊奧內的世界裡，威權決定對錯。他的義大利同胞馬基維利很了解強勢處理事情的方法，也對人性感到悲觀。馬基維利認為人有接連不斷的野心，他們先在攻擊中站穩陣腳，然後攻擊他人。在《君王論》中，馬基維利主張採用全面的手段，因為只做一半的懲罰只會招致報復。他寫道：「對人要慷慨或完全毀滅，因為他們稍受傷害就會報復，受到重創時就無法報復了。」威脅他人就範是最「黑暗」的影響伎倆，現在這種伎倆出現時，可能不像馬基維利那個年代那麼明顯，但它的影響效果或使用頻率仍不容忽視。威脅是一種自古就有的影響方式，是把個人意志強加在他人身上，逼人就範。

威脅是一種明示或暗示的意圖，意圖傷害他人或組織，或是破壞他人或組織的財產。我們可以說威脅只是威嚇的極端形式，但是這種黑暗的影響伎倆和多數威嚇形式的效果截然不同。我可能對塊頭比較大、動作敏捷、精明能幹、富有、有天分、強勢或外表亮眼的人心生畏懼，但我通常不擔心他們會殺我或傷害我。直接的威脅不僅讓人恐懼，也讓人覺得即將遭到傷害及可能遇上暴力。我對威嚇的反應可能介於不安到焦慮、恐懼或自我懷疑之間，但我對威脅的反應比較急迫和極端：非戰即逃。我要不是反抗威脅我的人，就是順從或逃離以迴避後果。有人威嚇我時，我可能會想像如果不順從會發生什麼事，但是有人威脅我時，後果通常很清楚。以下是一些威脅的例子。

- 家長威脅孩子，不把房間打掃乾淨就禁足。
- 校園惡霸告訴另一個孩子，他敢再摸足球就揍他。
- 家長告訴青少年，他已經打光了手機預付卡的時間，多出來的時間要自己付錢。
- 老師告訴學生，遲交的報告只收到這個週末，不然就當掉。
- 教練威脅球員，如果比賽時不能打得跟練習時一樣好，以後就不讓她上場了。
- 在半年一次的考核中，管理者告訴員工他的表現欠佳，再不改善就會丟飯碗。
- 圖書館警告借書者，借書逾期不馬上歸還就會罰款。
- 勞工領袖揚言，公司要是不答應工會的要求，他們就要集體罷工。
- 警察警告我，我要是不下車，他就會逮捕我。

- 在高階管理會議中，一位管理者公開批評執行長。在下次的高階會議中，執行長已經「因個人因素辭職」（這對其他高階管理者的威脅很明顯）。
- 幫派頭子威脅屬下，要是敢不守規矩就殺了他。
- 老闆讓員工知道他對她有好感，並暗示她要是不接受，他會想辦法開除她。
- 某國領袖威脅另一個國家，要是不答應他的要求，不惜一戰（以前赫魯雪夫在聯合國演講時，拿起鞋子敲桌大喊：「我們會把你給埋了。」）。即便是今天，一國領袖還是可能下令砲兵砲轟其他國家的邊境，以顯示他有權也有意讓威脅成真。

讀者可能都很熟悉這些威脅，或許是因為自己就碰過這種威脅，或是因為你在無數的電影、電視、戲劇中看過，或是在故事、書籍、報章雜誌上看過這樣的情節。我們從小就學會：做別人希望我們做的事情會有獎賞，不做則有懲罰。等我們長大後，已經對獎勵的行動或不做的後果有了制約反應。所以威脅對我們來說變得習以為常，即使我們認為最惡劣的威脅形式令人作嘔。

威脅是一種有效的影響方式，因為它的後果很明確。迴避和操弄是欺騙的伎倆，威嚇是誘發恐懼但不明確，威脅則是一清二楚，毫不模糊。如前面的例子所示，不順從的後果通常非常清楚。

有關威脅的見解

權力和影響力的研究顯示，長期而言，威脅的效果比有道德的影響方式差很多。就像威嚇一樣，經常威脅別人的人，大多時候使用直述的影響方式，第二常用的影響方式是以法為據。他們主要是依賴角色和資源裡的既定權力——權威與掌控資源——這兩個工具來達成目的。他們最欠缺的權力來源是魅力和聲譽，這點並不令人意外。這種人討人厭，又不受尊重，所以過度使用威脅法的人，有這些顯著的缺點。他們評價最低的技巧是「使用權力又不給人強勢的感覺」（因為他們很強勢，所以這個結果可想而知）。他們最擅長堅持己見，最不擅長社交技巧。

不具威脅性的人幾乎是完全相反，他們最常使用、也最喜歡的影響方法是講理、請教諮詢、為人表率、訴諸價值；在個性、交情、聲譽、魅力方面的評價最高；最擅長的技巧是講理、輕鬆閒聊、培養關係和信任、支持與鼓勵他人、聆聽。總之，他們做事圓融，面面俱到，比起動不動就愛威脅別人的人更有影響力。

保護自己免受威脅

因應威脅的方式主要是看是誰威脅你以及後果有多嚴重而定。我無法提出一套放諸四海皆準的準則，來保護你免受威脅，但以下是一些想法：

一、如果對方希望你做的事（例如寫完作業、繳帳單或做工作）是你已經答應要做或該做的，你最好還是服從，除非你有很好的理由不做。如果對方很明理，向他解釋你的理由或許有幫助。

二、想辦法讓後果變得沒那麼嚴重或重要，以降低威脅，如果你不在乎後果，那就不是威脅了。例如，對很多的受虐妻子來說，解決辦法就是不要依賴施暴者。降低對施暴者的依賴，就減少了施暴者的籌碼，可以更有自信地離開被虐待的關係。持平來說，我提出這項建議容易，但是要受虐婦女接受可能很困難。想要減輕後果的嚴重度，可能因威脅性質的不同而異。

三、如果威脅你的人是老闆，要是他還算平易近人，你可以試著跟他談談，解釋你為什麼覺得他的行為有威脅性，那對你的工作或參與度有什麼影響。這種方法可能對某些老闆有效，對某些老闆可能無效。萬一無效，試著轉調部門或換工作（以目前的景氣來看並不容易，但是在受虐的工作環境中待太久會剝奪人性，心情低落。忍受威脅太久時，你最後也會付出代價）。

四、尋找可以幫助你因應威脅的盟友，如果威脅你的人比你有權力，你可能需要其他人或資源來幫你反抗威脅。在企業中，盟友可能來自監察人員、人力資源部、教練、工會代表、其他的員工或管理者。

五、如果對方是習慣性地威脅你，你也習慣性地屈服，除非你改變行為，否則他不太可能改變。要鼓起勇氣抵抗可能很難，但是那可能是終止循環的唯一方法。

六、可能的話，想辦法威脅回去。就像我在上一章說的，有時候他們只懂自己使用的語言，所以你可以用威脅的方式還擊。顯然，這是風險比較大的策略，但威脅你的人可能對其他的作法毫無反應。

七、威脅讓某些人變得更加大膽、憤怒和反抗。如果你是那樣，把你的怒氣用於最有可能消除威脅、不讓自己變成眼中釘的方法。

如果你正是那個威脅者

我們偶爾也會威脅他人，但鮮少人使用最凶惡的威脅方式。一般來說，全球只有一%的人經常以威脅作為影響策略。如果你屬於那一%的少數人，你要了解，這種策略會削弱或破壞關係，當對方終於受夠了還擊或離開你的影響範圍時，你的權力也會受損。最終而言，這是一種輸家策略，最好避免破壞性較大的威脅形式（這表示如果孩子不肯打掃房間，你還是可以用禁足來威脅他們）。

觀念精粹

一、威脅他人就範是最極端的「黑暗」影響方式，是把意志強加在他人身上，這種方法存在已久。

二、威脅是一種明示或暗示的意圖，意圖傷害他人或組織，或是破壞他人或組織的財產。

三、威脅是一種有效的影響方式，因爲後果很明確。迴避和操弄是欺騙的伎倆，威嚇是誘發恐懼但不明確，威脅則是一清二楚，毫不模糊。

四、長期而言，威脅不是有效的影響策略，雖然我們偶爾會用這種方法。最惡劣的威脅方式會破壞關係，最後會侵蝕影響者的權力，激起被威脅者的反叛。

延伸思考

一、我在本章中提到，威脅是常見的影響方法，每個人偶爾都會使用這種方法，你認同這說法嗎？

二、你做過哪些威脅？是威脅誰？原因是什麼？效果如何？你用威脅法達成目的時，有出現任何負面的結果嗎？

三、每個人都曾受過威脅，回想有人威脅你的情況，對方希望你做什麼？他用什麼方式威脅你？不服從的話會有什麼後果？你怎麼做？感覺如何？

四、面對嚴重的威脅時，你曾以反抗的方式因應嗎？發生了什麼事？你的反抗成功嗎？成功的話，你有什麼改變？威脅你的人有什麼改變？

五、國際事務中常看到威脅，舉幾個例子，誰因什麼原因而威脅誰？提出威脅的國家可以改用什麼方式？爲什麼該國領袖不採用的其他行

【附錄A】

權力來源、影響方法、影響技巧的定義

本附錄全面檢視過去二十年廣泛研究出來的權力、影響力和技巧架構，以影響效果調查（SIE）來衡量。關於權力來源的詳盡說明，請參閱我的著作《權力的要素》以及我的網站www.theelementsof power.com，www.booksbyterryrbacon.com，或www.terryrbacon.com。

權力如何運作

人的權力就像電池裡的電力，電池的伏特數愈高，電動勢（electromotive force）愈強，能做的事情也愈多。一千伏特的電池比十伏特的電池強大。同理，權力來源愈多的人比權力來源少的人更能領導與影響他人。你的權力愈大，影響力也愈大。

想要有效領導或影響他人，必須有足夠的權力基礎。權力來源共有十一種：五種來自個人（知識、表達力、交情、魅力、個性），五種來自組織（角色、資源、資訊、人脈、聲譽），還有一個綜合來源是意志。以下是各種權力來源的簡要說明。

來自個人的權力來源

知識：你的知識、技巧、天分和能力，以及學習、智慧、成就。來自你所知及能做到的權力。知識權力高的人，影響力是知識權力低的人的三倍。

表達力：有效溝通的書寫與口頭能力。這種權力是以清晰、活力、說服力、口才為基礎。最強的表達力是領袖魅力的要素。培養這個權力來源比培養其他的權力來源更能提升影響力。表達力與其他三種權力來源：個性、魅力和聲譽密切相關。

交情：這特別是指你和你想領導或影響的對象之間的關係。這種權力來自於培養他人對你的熟悉度和信任感。喜歡、相似、互惠等心理原則，是這種權力的基礎。對熟悉彼此的人來說，交情可能是最重要的權力來源。交情權力和人際互動技巧密切相關。

魅力：指讓人喜歡你的能力。這種權力是以身體魅力和真實性、共同的價值觀、態度或信念、人格、個性、智慧、共同經驗以及許多其他的因素為基礎。全球而言，魅力是最強大的權力來源之一。這種權力來源高的人，影響力比其他人大三倍以上。

個性：這種權力是以別人對你的個性觀感為基礎，包括正直、誠實、公平、勇氣、和善、謙虛、謹慎等要素。個性是很大的個人權力來源，在全球排名第一。

來自組織的權力來源

角色：這種權力來自於你在群體、組織或社群的角色，或是某角色或地位的合法權力與權威。一個人的角色可能是很大的權力來源，但使用不當時也可能導致濫權。角色權力結合高評價的個性、魅力、知識、表達力、聲譽等權力來源時，效果最強大。

資源：這種權力是來自於你對重要資源（例如財富或天然資源）的擁有權或控制權，而這些重要資源也是其他人所重視與需要的。通常，資源對多數人來說，並不是強大的權力來源。

資訊：這是指你對資訊的取得與掌控。這種權力來源有五個要素，簡稱RADIO：即retrieval（擷取）、access（接觸）、dissemination（傳播）、interpretation（詮釋）、organization（組織）。這些能力個別使用及合起來使用時，讓人透過資訊的有效運用，來領導與影響他人。

人脈：這種權力來自你和他人關係的廣度和深厚的程度。人脈裡的社交資本（例如相互尊重、欽佩、幫忙、合作）讓人脈變成強大的組織權力來源。人脈權力大的人比人脈權力小的人影響力高三倍，鼓舞人心的能力也高兩倍。

聲譽：這種權力是根據一個人在他所屬的社群或團隊、組織、社會裡，大家對他的整體素質評估。聲譽對備受尊敬的人來說，是很大的權力來源，對聲譽差的人來說則是一大權力流失。聲譽權力大的人比起其他人影響力高出三倍，也大幅提升了其他人追隨你的可能性。

意志（綜合來源）

意志：這種權力是以你渴望多強大及行動的勇氣做為基礎。這種權力來自內心，可以放大其他的權力來源，完全看你行動的決定而定；這需要熱情和執著，也需要精力和行動。意志力和欲望及渴望不一樣，不是來自行動的衝動，而是來自衝動的行動，是所有權力來源中最重要的一種。意志力強的人，相較於意志力弱的人，可以提升其領導力和影響力十倍。在《權力的要素》中，我舉了幾個平凡但靠著純粹意志力完成驚人之舉的例子。

影響力如何運作

影響力是運用權力達成特定的目的。研究顯示一般人通常會用十種正派的方法領導或影響他人：講理、以法為據、交換、直述、閒聊交際、動之以情、請教諮詢、結盟、訴諸價值、為人表率。另外，也有四種負面或「黑暗」的影響伎倆：迴避、操弄、威嚇、威脅。

影響可能很簡單，也可能很複雜，複雜的例子如聯合其他國家一起讓某國的強勢領導者改變政策，簡單的例子如孩子微笑，伸手表達善意。每當我們想改變他人的想法、行為或決定時，就是在發揮影響力。微笑與握手是想要交際，和人建立關係，突破障礙。當對方了解、喜歡我們的時候，就比較可能答應我們的要求。

理性的影響方法

講理：運用邏輯解釋你的信念或你想要的東西。講理是全球排名第一的強效影響工具。幾乎每個文化中，講理都是最常使用、最有效的影響方法，但不是對每個人都有效，有些情況下完全無效。

以法為據：訴諸權威。平均而言，這是全球效果最差的影響方式，但是對某些人來說大多數時候都有效，對多數人來說有時候有效，而且可以迅速讓人順服。

交換：協商或交易合作。這種方法在隱約表達時最有效，明顯表達時反而效果較差。這種方法在全球的使用頻率較低，但有時候是讓對方同意合作的唯一方法。

直述：主張你的想法或希望。直述是強效影響方式之一。當你有自信、能用令人信服的語調直述想法時，這種方式最有效。不過，這種方法萬一過度使用或太強勢時，可能會引起反抗。

社交型影響方法

閒聊交際：認識對方，打開心胸，態度友善，尋找共通點。在很多的文化與情境中，恭維對方，讓人自我感覺良好是關鍵的技巧。閒聊交際是強效影響工具之一，在全球的使用頻率與效力上都排名第二。

動之以情：獲得熟識者的同意或合作。這種強效的影響工具端看你既有交情的長度和強度而定。這是全球影響效力排名第三的方法。

請教諮詢：以提問及讓人參與解題的方式來吸引或鼓勵他人參與。請教諮詢是強效影響工具之一，在全球的使用頻率和效力排名第四。這種方法適用於精明、有自信、亟欲貢獻點子的人身上。

結盟：尋找支持者或建立聯盟以影響其他人。運用同儕或群體壓力以獲得合作或認同，在有些情況下，這可能是獲得同意的唯一方式。

感性的影響方法

訴諸價值：提出感性訴求或訴諸內心；訴諸某些人最重視的價值觀和信念，因為這是一次影響很多人的主要方法，也是讓人投入的最佳方法。這種感性訴求是宗教或心靈領袖、理想主義者、募款者、政治人物、某些商業領袖最常用的方法。

為人表率：身體力行你希望別人做的行為、當榜樣、教導、指導，諮詢以及輔導。你可能正在影響他人而不自知。家長、領袖、管理者和公眾人物隨時都以這種方式影響他人（正面或負面的影響），無論他們是有意或無意的。這種影響方法在全球效力上排名第五。

「黑暗」的影響伎倆

有四種負面的影響方法應該多注意。這些方法之所以是負面的，是因為他們剝奪別人說不的正當權利，逼人做出違背個人希望或最佳利益的事，誤導別人，或逼人做他們原本不可能做的事情。

迴避：以逃避責任、迴避衝突或擺爛的方式逼人行動，有時會違反對方的最佳利益。迴避是最常見的黑暗影響方法。在有些文化中，試著維持和諧有可能被誤以為是在迴避。

操弄：透過謊言、欺騙、惡作劇、詐騙、詐欺等方式影響他人。操弄者隱瞞真實的意圖，或刻意不讓人知道做出正確決定所需要的資訊。

威嚇：把個人意圖強加在他人身上，以拉高分貝、跋扈、傷人、傲慢、冷漠或不關心的方式逼人順從。這是惡霸偏好的方式。

威脅：以傷害或揚言傷害的方式逼人就範；以殺雞儆猴的方式讓人知道自己不是隨口說說。威脅是獨裁者和暴君所偏好的方式。

影響技巧

影響效力有部分要看使用影響方法的技巧而定，這是以SIE衡量。就像熟練的工匠一樣，這些技巧需要時間與練習才會純熟。權力和影響力的研究顯示，與影響效力有關的技巧有二十八種，這些技巧分成四大類：溝通與講理、自信、人際關係、互動。對於這些領域相當擅長的人，可以有效地領導和影響他人。

溝通和講理技巧

邏輯說理：邏輯思考、分析問題、找出合理解決方案的能力。

視覺性的分析和展現資料：製作圖表、圖片、插畫和其他的視覺工具，以清楚傳達資料之間的連結，以及溝通想法與結論的技巧。

尋找有創意的替代方案：有創意與創新的能力，可以看出別人看不到的替代方案與解決方案，擅長另類思考。

探查：探問有見地的問題，引導對方直達問題或議題核心的技巧。

輕鬆交談：可以談論多種話題，以輕鬆的對話吸引對方。為有技巧之健談者。

傳達活力和熱情：為互動和不同的情境注入活力和熱情，先天就活力充沛又投入，能夠激勵他人。

聆聽：積極傾聽的技巧，投入地聆聽對方的說法，精確地聽取對方想法的重點。

自信技巧

主張：自信或強而有力地陳述見解的技巧；堅定地提出看法；維持個人立場但不會給人強勢的感覺。

堅持：堅定不移的技巧。不管面對反對或反抗，依舊堅持自己的方向，堅韌且執著。

表現自信：對自己的判斷、能力和權力有信心；堅定個人的目的、方向和目標。

表現權威：能夠展現權威；展現出有合理權力行使權威的樣子；清楚陳述決定、結論或是行動方向。

使用令人信服的語調：擁有強而有力、堅定、宏亮的聲音，一開口就能引人注意。

使用堅定的非語言方式：以非語言的溝通方式展現自信和堅定。例如運用堅強和自信的姿態、臉部表情、肢體語言。

運用權威但沒有強勢的感覺：能夠指揮他人並運用合理的權威，但不會讓人覺得霸道、粗魯、壓迫或苛刻。這是使用直述法時的關鍵技巧。

人際關係技巧

友善對待陌生人：敞開心胸認識陌生人；外向，傳達熱情和接納，對陌生人展現興趣。這是閒聊交際法的關鍵技巧。

對他人展現真實的興趣：真實展現對他人的關懷與好奇，讓對方覺得自己很重要。這是閒聊交際法和動之以情法的關鍵技巧。

洞悉別人的價值觀：透過直覺就能了解對方以及對方重視的東西；別人不需要開口，你就能看出他重視什麼，是一種人際洞察力。這是動之以情法的關鍵技巧。

敏銳察覺他人的感受：了解人的情緒，發揮同理心的技巧。動之以情和閒聊交際法的有效使用有賴這個技巧。

培養關係和信任：和他人建立信賴的關係；和別人培養和諧與同情關係的技巧；傳達對對方的信心，讓對方覺得你是可以信任的。

培養密切的關係：和對方培養信任的友誼和親近的關係，長時間和他人培養親近友善的關係。

支持與鼓勵他人：協助他人；幫助他人宣傳和晉升，鼓舞或激勵他人勇往直前。這種技巧不只提供實際的協助，也傳達樂於助人的態度。這是為人表率法的關鍵技巧。

互動技巧

說服別人幫你影響其他人：尋求認同與合作，以及共同使命感的技巧，尤其是說服他人，並請他們支持與協助影響其他的人。這是結盟法中最關鍵的技巧。

化解他人之間的衝突和歧見：管理衝突的技巧；緩和激動的情境，降低衝突中的緊繃感，促成最平靜的接納和協議。

建立共識：協調意見紛歧，達成他人能接受的方案；在最初的反對者之間創造和諧和協議。

主動教人怎麼做：教導、建議、幫助他人培養技術與能力的技巧。有強烈的興趣和渴望教導他人，是為人表率法的必要技巧。

談判或協商：交換有價值的東西，從而和他人達成協議的技巧；討論條件，對交易達成滿意的協議。這是交換法的關鍵技巧。

向人求助的意願：輕鬆自在地向他人求助，這是動之以情法的必要技巧。

幫助他人的意願：願意在出於善意、不求回報的情況下，為人做某事或給予某物。這是動之以情法的必要技巧。

影響技巧的難度以及對影響力的潛在貢獻度

我們在下頁表中會列出二十八種影響技巧，熟練各種技巧的難度，以及各種技巧對於領導力和影響力的潛在貢獻度。這些技巧是先按潛在貢獻度排名，再按難度排名。例如，談判或協商有很高的潛在貢獻度，也是很難熟練的技巧。相反的，堅持的潛在貢獻度低，但很容易熟練。在培養領導和影響技巧時，潛在貢獻度高的技巧比較有效，雖然它們大多很難熟練。這些排名是以國際知識學院二十年來的權力與影響力研究為基礎（國際知識學院目前隸屬於光輝國際顧問公司）。

影響技巧的難度和潛在貢獻度

影響技巧	技巧類別	難度	潛在貢獻度
說服別人幫你影響其他人	互動	很高	很高
化解他人之間的衝突和歧見	互動	很高	很高
使用令人信服的語調	自信	很高	很高
談判或協商	互動	很高	很高
運用權威但沒有強勢的感覺	自信	高	很高
主動教人怎麼做	互動	高	很高
建立共識	互動	高	很高
表現權威	自信	很高	高
使用堅定的非語言方式	自信	很高	高
洞悉別人的價值觀	人際關係	高	高
探查	溝通與講理	高	高
尋找有創意的替代方案	溝通與講理	中	高
支持與鼓勵他人	人際關係	中	高
培養關係和信任	人際關係	低	高
培養密切的關係	人際關係	很高	中
對他人展現真實的興趣	人際關係	中	中
傳達活力和熱情	溝通與講理	中	中
主張	自信	中	中
聆聽	溝通與講理	中	中
表現自信	自信	低	中
邏輯說理	溝通與講理	低	中
向人求助的意願	互動	很高	低
敏銳察覺他人的感受	人際關係	高	低
分析和視覺展現資料	溝通與講理	高	低
幫助他人的意願	互動	高	低
友善對待陌生人	人際關係	中	低
輕鬆交談	溝通與講理	低	低
堅持	自信	低	低

【附錄B】全球影響力研究

關於人們如何培養權力以及運用權力來影響他人，我有很多見解，是源自於我在國際知識學院（目前隸屬於光輝國際顧問公司）所做的研究。此份有關全球權力與影響力的研究，是從一九九〇年開始持續至今，以三百六十度評估法「影響效果調查」（SIE）為基礎。SIE從研究的受試者（自我評估）蒐集資料，也從受試者的共事伙伴（回應評估）蒐集資料。在這本書中，每當我引用權力和影響力的研究時，我都是指這項研究及這項研究所得出的「自我」或「其他」評估。過去二十年來，我們資料庫裡的受試者已增加至六萬四千人以上，受訪者增加至三十幾萬人，這讓我和同事得以探索人們的權力來源強度、使用不同影響方法的頻率、使用不同方法的效果、這些方法用在不同文化中的適切度，以及他們在二十八個和領導及影響力有關的技巧表現如何。這項研究是全球性的，所以我可以找出全球四十五國的權力和影響力運用差異。附錄B從這份研究中，收錄了一些有關全球影響力的見解。讀者如果想要進一步了解我所研究的四十五國，可以上www.theelementsofpower.com。

當你想要影響同一文化的顧客、供應商、合作夥伴、老闆、下屬或同事時，那些人通常在成長過程中，接觸的影響習慣和你一樣。你知道什麼東西重要，知道大家通常對不同的影響形式有什麼反應，知道哪種方法效果較好。所以，你可以把影響方法、訊息內容、溝通形態調整成最適合影響對象的方式。

不過，當你想影響的對象住在另一個國家，有不同的文化背景、信仰和價值觀時，你以前覺得有效的影響方法，對他們可能沒有用。你學到的影響方法（使用你從小學到的慣例和想法），可能對從小接觸的慣例與想法和你不同的人來說，不是那麼有效（他們的方法通常是你無法理解的）。此外，由於對方洩漏出的線索可能和你習慣的線索不同，你可能不知道如何解釋他們回應你的方式，可能要很久以後，才會知道你的影響意圖是否成功。西方人試圖影響日本顧客就是典型的例子，西方人不懂日本人想要維持和諧的渴望，可能會誤以為顧客已經欣然同意，交易已經談成，但事實不然。在商場上影響他人已經夠難了，再加上文化這個複雜的面向，又讓影響外國伙伴、供應商、顧客變得更加困難。

全球使用十種正派影響方法的差異

儘管全球各地的人在言行舉止上有很多相似之處，權力和影響力的運作在各國並不相同。如果你參與全球商務，可以從這些研究結果中獲得一些啟示，了解如何在跨文化中運用影響方法。

講理

講理是全球最常見的影響方法，在我研究的四十五國中，講理是最常用的影響方式（除了紐西蘭以外。在紐西蘭，講理的排名僅次於閒聊交際）

講理在許多的歐洲國家（例如葡萄牙、西班牙、希臘、捷克、義大利、波蘭、瑞士、德國、比利時），拉丁美洲國家（例如巴西、阿根廷、哥倫比亞、智利，墨西哥），以及印度、美國、加拿大等國特別常見。這種影響方法在亞洲國家（例如日本、泰國、香港、韓國、新加坡、印尼、中國）的使用頻率較低一些。不過，即使在這些亞洲國家裡，講理仍是最常用的影響方法。亞洲人比較常用的是社交型影響方法（尤其是閒聊交際和動之以情），這點反應了亞洲國家比較看重集體與關係的性質。

我們可以放心地假設，任何文化的人對於你提出的要求，都想聆聽合理的論點，但講理不見得就能說服他們。前面提過有很多原因可能讓他們覺得講理沒有說服力（例如情感障礙、心理偏誤、文化慣例等等），即使你的邏輯和事實很周全。

以法為據（訴諸權威）

在全球，最常使用以法為據的國家是美國，緊接在後的是委內瑞拉、新加坡、中國、哥倫比亞、印度、巴基斯坦、土耳其、韓國、加拿大、香港、祕魯、墨西哥、巴西、台灣和智利。所以，你最有可能在美洲和亞洲看到這種影響方法。在北歐國家（瑞典、挪威、芬蘭、丹麥）和部分的歐洲國家（荷蘭、捷克、奧地利、德國、匈牙利、比利時、義大利、葡萄牙、法國和希臘）則少見許多。

北歐國家比較平等，也比較不分階級，所以訴諸權威在文化上的接受度比其他國家低。德國以法為據的頻率也低於美國，這點可能令人意外。德國的社會比美國更正式也更結構化，而差別就潛藏在這裡。德國人比較接受隱約的傳統和行為規範，所以不需要以法為據。事實上，在德國引用法規可能讓人覺得沒有必要，甚至有些霸道。但是在美國，大家對權威比較不尊重，比較不受傳統所限，所以如果影響者認為法規、習俗、傳統應該遵守，引用那些東西可能就是必要的。

交換

交換是個有趣的影響方式，因為交易、協商和妥協深植於人類的心理。事實上，如果我們沒培養出透過協商尋求別人合作的能力，我們就無法創造出文明。所以交換在全世界的人際互動中相當普遍。不過，這個方法比較常用於明顯協商比較常見的文化，例如中國、香港、台灣、新加坡、印度、澳洲、馬來西亞、巴基斯坦、美國。在協商比較含蓄的文化中則較少見：例如多數的北歐國家（芬蘭、瑞典、挪威、丹麥）和許多的歐洲國家（波蘭、法國、匈牙利、義大利、比利時、葡萄牙）。

直述

直述在全球各地的使用頻率差異很大。在可積極主張又不至於陷入衝突的文化中，直述法比較常見，他們雖愛爭論，嗓門也大，但氣氛還算平和，在會議中或用餐時打岔可能是表達意見的唯一方法。研究顯示，最常使用直述法的國家是以色列、希臘、智利、委內瑞拉、俄羅斯、土耳其、西班牙、義大利、葡萄牙、波蘭、阿根廷、捷克、法國、哥倫比亞、祕魯、巴西。這些國家大多是在南美或地中海地區。比較少使用直述法的國家包括泰國、馬來西亞、香港、日本、瑞典、挪威、芬蘭、韓國、印尼、新加坡、台灣、英國、丹麥，亦即亞洲或北歐地區。美國使用直述法的頻率約為全球的平均值。

文化研究顯示，北歐國家比較重視平等，比較不獨斷，所以太多的直述可能讓人覺得太好爭論及不民主。亞洲文化比較重視和諧，太獨斷會給人負面的感覺，容易引發爭論，亞洲文化通常會避免紛爭。相反的，在拉丁美洲和地中海國家，大家不僅預期你堅持提出主張，積極參與討論，如果你沒有主見，可能還會失去他人對你的尊重。

閒聊交際

閒聊交際是全球第二常用的影響方法（僅次於說理），不過研究顯示，英語系國家（紐西蘭、澳洲、美國、愛爾蘭、加拿大、英國），以及一些拉美國家（阿根廷、祕魯、委內瑞拉、哥倫比亞），還有義大利和西班牙比較常用這種方法。閒聊交際在前蘇聯國家（俄羅斯、捷克、匈牙利、波蘭）和一些亞洲國家（日本、泰國、印尼、新加坡、印度），以及南非、土耳其、法國比較少用。

閒聊交際是指找尋自己和陌生人或不熟悉者之間的共通點，所以在「打開話匣子」是社交傳統而又預期大家在談正事前，會先花時間認識去彼此的文化中，這種方法比較常用。例如，有人說美國的商務會議就像個漢堡，外面的麵包代表社交，裡面夾的肉片代表實質。美國人通常會在會議一開始先閒聊一下，然後才談正事，最後也會閒聊一下（就像漢堡一樣，是麵包—肉片—麵包）。在其他的文化中，尤其是德國、荷蘭、芬蘭等國，商務會議的閒聊通常是盡可能減少。

紐西蘭是世界上唯一使用閒聊交際法比講理法更頻繁的國家，他們很喜歡社交。

動之以情

動之以情是指透過密切或深厚的既有關係發揮影響力。研究顯示，這種方法最常出現在亞洲國家（中國、台灣、馬來西亞、紐西蘭、香港、新加坡、澳洲、韓國、巴基斯坦）和拉美國家（祕魯、委內瑞拉、阿根廷、墨西哥、哥倫比亞、巴西）。這種影響方法比較不常出現在歐洲和北歐國家（芬蘭、捷克、匈牙利、瑞典、奧地利、葡萄牙、德國、法國、比利時、瑞士、挪威、荷蘭、丹麥）。

在把家庭視為社會核心單位的文化中，動之以情可能是主要的影響方式之一。例如，在中國，動之以情的使用頻率遠高於全球常態，和歐洲傳統更是迥異。所以，中國的生意人在歐洲經商時可能高估了家庭的重要性。同理，歐洲人在中國經商時可能低估了家庭與宗族的重要性。在歐洲的中國人可能過度依賴既有的關係來影響歐洲的顧客，在中國的歐洲人可能沒有發現，運用既有的關係來影響中國顧客有多重要。

在重視既有關係的文化裡，想要提升影響力，你必須花時間培養與維繫關係，不過身為外人，不管你多了解對方，可能永遠也無法像他的家庭成員那樣親近或有影響力。在既有關係比較沒那麼重要的文化裡，想提升影響力，你需要依賴其他的影響方法（例如交換、結盟、講理或直述）。

請教諮詢

在對方參與創作或諮詢對方的意見後，才有可能參與解決方案或提案的文化中，比較常看到請教諮詢法。美國、加拿大、愛爾蘭是全球最常使用請教諮詢法的國家，在這些文化中，詢問比告知好，邀人討論及諮詢意見是尋求合作的方法。其他也經常使用請教諮詢法的國家，包括義大利、澳大利亞、印度、西班牙、巴西、紐西蘭、新加坡、中國、韓國。

請教諮詢在溝通較為直接的地方沒那麼常見，例如俄羅斯、波蘭、匈牙利、芬蘭、荷蘭、奧地利、墨西哥、日本、印尼、捷克、瑞典、挪威、丹麥和德國。即便如此，這些國家使用請教諮詢法的頻率還是很高，所以請教諮詢法是全球最常用的影響方法之一。

這種方法使用的差異，某種程度上要看社會對權威的看法而定。例如，在波蘭，大家通常預期老闆知道答案，所以常用請教諮詢法來影響下屬的老闆，可能會讓人覺得很弱。相反的，在美國，經常使用請教諮詢法的老闆，在大家眼中可能是個懂得領導團隊的優秀領導者。權威在美國比較不受尊重，所以請教諮詢在美國的效果，比在服從權威的國家要好。

結盟

整體而言，除了以法為據以外，結盟比其他的影響方法更不常用。在團體努力比個人努力更有效的文化中（大家以團結合作的方式達成結果，合作是傳統的作法），大家比較依賴結盟。雖然每個國家都會出現這種情況，但研究顯示，這種方法比較可能出現在巴基斯坦、美國、加拿大、中國、智利、愛爾蘭、阿根廷、印度、韓國、澳洲、紐西蘭、巴西、英國。結盟在北歐和日耳曼國家（芬蘭、奧地利、挪威、德國、瑞士、丹麥）比較少見。

訴諸價值

善於表達、感性的文化中比較偏好這種影響方法，他們比較可能具體展現價值觀，而不是默默履行。根據研究，這類國家包括美國、希臘、西班牙、義大利、愛爾蘭、阿根廷、土耳其、印度、智利、韓國、巴西、哥倫比亞、巴基斯坦、馬來西亞、澳洲、加拿大、紐西蘭。相反的，訴諸價值在芬蘭、俄羅斯、挪威、匈牙利、捷克、丹麥、奧地利、瑞典、波蘭、瑞士比較少見。

一般而言，訴諸價值是比較少用的影響方式，最常使用這方法的國家（美國）和最不常使用的國家（芬蘭），兩者的頻率差距並不大。如果你關注別人最重視的價值觀，可以在發揮影響力時有效訴諸那些價值觀，這種方法可能在世界各地的文化都有效。

為人表率

使用這種方法頻率最高的國家（西班牙）和頻率最低的國家（日本），兩者間的差距很小。這表示各種文化的人使用這種方法的時間差不多。

迴避及文化差異

黑暗的影響方式中，唯一全世界常見的是迴避。我把迴避的頻率也納入研究結果中，因為這些結果凸顯出一些有趣的文化現象。研究顯示，迴避的頻率在全球兩個區域最高：亞洲和前蘇聯／東歐國家。在亞洲，最常使用迴避法的國家是日本、印尼、韓國、泰國、台灣、中國、紐西蘭、香港。在全球研究中，這些國家的「社會集體意識」高，這表示他們很重視關係的維繫，他們覺得自己和團體是相互依存的關係，大家庭架構對個人很重要。[1]這些文化在自信方面的得分介於中與低之間，這表示他們重視合作、顏面，以及間接告知。[2]他們的溝通比較微妙，講究細微的差異。由於他們很在乎顏面與和諧，所以會以較不正面對抗的方式影響他人。在這些文化中，看似迴避的表現往往是為了維持和諧的恰當影響方式。在前蘇聯／東歐國家，雖然那裡的人溝通比較直接，但迴避可能是一種自我保護的策略。他們對彼此比較直接，對政府則不見得如此。當對抗權威有危險時，大家會避免使用比較直接的影響方法，在世界各地或獨裁領導的組織中也是如此。

迴避頻率最低的文化包括日耳曼國家（德國、奧地利、瑞士）和北歐國家（挪威、瑞典、芬蘭），以及希臘、美國、加拿大、愛爾蘭。這些文化通常比較直接，比較重視坦誠，偏向個人主義而非集體主義，所以比較不強調和諧和顏面。在這些國家中，迴避可能引起懷疑，因為那表示你隱匿了某些東西。

各國權力和影響力的研究結果相當冗長，無法全數納入本書中。不過，我把這四十五國的概況都放在網站上了：www.the elementsofpower.com。有關權力和影響力的其他資訊，以及攸關商業、政治、領導的其他主題，可以參閱 www.booksbyterrybacon.com 和 www.terrybacon.com。

注釋

前言

1. Timothy C. Brock, Sharon Shavitt, and Laura A. Brannon, "Getting a Handle on the Ax of Persuasion,"in Sharon Shavitt and Timothy C. Brock, eds., *Persuasion: Psychological Insights and Perspectives* (Boston: Allyn & Bacon, 1994), 1.
2. John P. Kotter, *John P. Kotter on What Leaders Really Do* (Boston: Harvard Business Review Press, 1999), 100.
3. Jay Conger, "The Necessary Art of Persuasion," *Harvard Business Review Classics* (Boston: Harvard Business Press, 2008), 1–2.
4. 兩個驗證研究顯示ＳＩＥ是有效的工具（樣本量分別是4500和10700）。使用阿爾發係數（alpha coefficient，內部一致性的衡量指標）時，我們發現規模可靠性介於0.73到0.90之間，可見ＳＩＥ可得出可靠一致的測量結果。我們以要素分析建立建構效度（construct validity），這顯示ＳＩＥ項目在影響效果評級上對應ＴＯＰＳ模型形成集群，我們將在第二章中討論這現象。效標效度（criterion validity）是以影響集群和影響效果評級之間的相關性建立的。ＳＩＥ發明與驗證二十年來，我們評估了逾六千四百人的權力基礎及影響力，他們大多是世界各地的商務人士與管理者。除了幫這些人完成影響方式的自我評估以外，我們也請他們找出了解其影響方式的共事者。我們的資料庫裡包含三十幾萬名受訪者對這些人的觀點。這些豐富的資訊來源讓我們更深入地洞悉權力與影響力在全球各地的使用狀況。

第一章

1. John P. Kotter, *John P. Kotter on What Leaders Really Do* (Boston: Harvard Business School Press, 1999), 98.
2. Noah J. Goldstein, Steve J. Martin, and Robert B. Cialdini, *Yes! 50 Scientifically Proven Ways to Be Persuasive* (New York: Free Press, 2008), 82.
3. Robert J. House, Paul J. Hanges, Mansour Javidan, Peter W. Dorfman, and Vipin Gupta, eds., *Culture, Leadership, and Organizations: The GLOBE Study of 62 Societies* (London: SAGE Publications, 2004).
4. Ibid., 12. 「自信」這個面向類似吉爾特・霍夫斯泰德（Geert Hofstede）的「剛毅」面向。霍夫斯泰德是率先研究文化差異的學者，我們在第八章會進一步談到他。

第二章

1. Warren Bennis and Burt Nanus, *Leaders: Strategies for Taking Charge* (New York: HarperBusiness, 1997), 20.

2. Ibid., 37.

第三章

1. George Orwell, *Animal Farm* (New York: Harcourt, Brace Jovanovich, 1946), 17–18
2. Ibid.
3. Ibid.
4. Ibid.
5. Ibid.
6. Ibid.
7. Ibid., 18–19.
8. Theodore Levitt, *The Marketing Imagination* (New York: Free Press, 1986), 77.
9. Ed Michaels, Helen Handfield-Jones, and Beth Axelrod, *The War for Talent* (Boston: Harvard Business School Press, 2001), 58.
10. Margaret J. Wheatley, *Leadership and the New Science: Learning About Organization from an Orderly Universe* (San Francisco: Berrett-Koehler, 1994), 20.
11. Terry R. Bacon, *The Elements of Power: Lessons on Leadership and Influence* (New York: AMACOM, 2011).
12. Daniel Goleman, *Emotional Intelligence* (New York: Bantam Books, 1995), 13-29.
13. Robert B. Cialdini, *Influence: The Psychology of Persuasion,* rev. ed. (New York: William Morrow, 1993), 17.
14. 愈來愈多的證據顯示，我們經常在潛意識受到多種情感與心理因素的影響，導致我們無法理性。這些研究包括歐瑞·布萊夫曼（Ori Brafman）和朗姆·布萊夫曼（Rom Brafman）的《左右決策的迷惑力》（*Sway: The Irresistible Pull of Irrational Behavior*），17頁；丹·艾瑞利（Dan Ariely）的《誰說人是理性的》（*Predictably Irrational:The Hidden Forces That Shape Our Decisions*），xx頁。歐瑞和朗姆·布萊夫曼在《左右決策的迷惑力》中點出幾個因素，他們寫道：「這些潛藏的力量包括迴避損失（我們常耗費極大力氣去避免一些可能的損失）、價值歸因（我們常根據第一印象對人或事物賦予某些特質）、診斷偏差（我們會刻意漠視與最初評斷相互矛盾的一切證據）。」麻省理工學院（ＭＩＴ）的行為經濟學家艾瑞利認為，傳統的經濟理論錯誤地假設消費者的行為是理性的：「傳統的經濟學假設我們都是理性的，那意味著，在日常生活中，我們會先計算手邊所有選項的價值，然後挑選最佳的可能行動……但是我們其實遠非經濟學理論假設的那麼理性。此外，我們的非理性行為既不是隨機，也不是毫無意義，而是系統性的，再加上我們會一再重複，所以也是可預期的。」例如，艾瑞利發現，物件一旦和某個價格產生關連，那個價格就產生了定錨效果，影響我們後來願意為那物件付出的價格，即使那東西的實際未來價格可能完全不同。

15. John P. Kotter, *John P. Kotter on What Leaders Really Do* (Boston: Harvard Business Review Press, 1999), 100.
16. Orwell 33.
17. Orwell 123.

第四章

1. Mark Twain, *The Adventures of Tom Sawyer* (Racine, WI: Whitman, 1955), 26.
2. John W. Gardner, *On Leadership* (New York: Free Press, 1990), 58.
3. Robert B. Cialdini, *Influence: The Psychology of Persuasion,* rev. ed. (New York: William Morrow, 1993), 17–56.
4. John P. Kotter, *John P. Kotter on What Leaders Really Do* (Boston: Harvard Business Review Press, 1999), 104.
5. Gardner, *On Leadership,* 33.

第五章

1. Dale Carnegie, *How to Win Friends and Influence People,* special anniversary ed. (New York: Pocket Books, 1998).
2. Gary Yukl, *Leadership in Organizations,* 7th ed. (Upper Saddle River, NJ: Prentice Hall, 2010), 176.
3. Ronald J. Deluga, "Kissing Up to the Boss: What It Is and What to Do About It," *Business Forum* (Summer–Fall 2001), http://www.entrepreneur.com/tradejournals/article/127538894_3.html.
4. John P. Kotter, *John P. Kotter on What Leaders Really Do* (Boston: Harvard Business School Press, 1999), 104.

第六章

1. Terry R. Bacon and Karen I. Spear, *Adaptive Coaching: The Art and Practice of a Client-Centered Approach to Performance Improvement* (Palo Alto, CA: Davies-Black, 2003), 166.
2. Terry R. Bacon, *What People Want: A Manager's Guide to Building Relationships That Work* (Mountain View, CA: Davies-Black, 2006), 126.
3. This quote is widely attributed to Bengis. See http://www.worldofquotes.com/author/Ingrid-Bengis/1/index.html.
4. *The Paper Chase,* directed by James Bridges (1973; Beverly Hills, CA: Twentieth Century Fox).
5. Michael Vitiello, "Professor Kingsfield: The Most Misunderstood Character in Literature," *Hofstra Law Review* 33, no. 3 (2005), p.

969; http://www.hofstra.edu/PDF/law_lawrev_vitiello_vol33no3.pdf.

6. 威爾許引自 "The Man Who Invented Management: Why Peter Drucker's Ideas Still Matter," *Businessweek,* November 28, 2005, accessedJuly 24, 2010, www.businessweek.com/magazine/content/05_48/b3961001.
7. 「這個人發明了管理學。」*Businessweek.*
8. Noah J. Goldstein, Steve J. Martin, and Robert B. Cialdini, *Yes! 50 Scientifically Proven Ways to Be Persuasive* (New York: Free Press, 2008), 10.

第七章

1. Robert Cowley, "The Antagonists of Little Round Top," in Robert Cowley, ed., *With My Face to the Enemy: Perspectives on the Civil War* (New York: G. P. Putnam's Sons, 2001), 217.
2. Michael Shaara, *The Killer Angels* (New York: Ballantine Books, 1974), 30.
3. Ibid., 210.
4. Kevin Cashman, *Leadership from the Inside Out,* 2nd ed. (San Francisco: Berrett-Koehler, 2008), 98.
5. J. Peter Burkholder, Donald Jay Grout, and Claude V. Palisca, *A History of Western Music,* 8th ed. (New York: W. W. Norton, 2010), 550.
6. Vince Lombardi Jr., *What It Takes to Be #1: Vince Lombardi on Leadership* (New York: McGraw-Hill, 2001), 157.
7. I bid., 158.
8. Noel M. Tichy, with Eli Cohen, *The Leadership Engine: How Winning Companies Build Leaders at Every Level* (New York: Harper-Business, 1997), 57.
9. Ibid., 51.
10. Mary-Kate Olsen and Ashley Olsen, *Influence* (New York: Penguin Books, 2008), 13.

第八章

1. 具體可參見 Robert B. Cialdini, *Influence: The Psychology of Persuasion,* rev. ed. (New York: William Morrow, 1993); Dan Ariely, *Predictably Irrational: The Hidden Forces That Shape Our Decisions* (New York: Harper-Collins, 2008); Jonah Lehrer, *How We Decide* (Boston: Houghton Mifflin Harcourt, 2009); Noah J. Goldstein, Steve J. Martin, and Robert B. Cialdini, *Yes! 50 Scientifically Proven Ways to Be Persuasive* (New York: Free Press, 2008); and Ori Brafman and Rom Brafman, *Sway: The Irresistible Pull of Irrational Be-*

havior (New York: Doubleday, 2008).

2. 關於社會證據的心理偏誤及其效果的有趣討論，請參見 Jerry B. Harvey, *The Abilene Paradox and Other Meditations on Management* (San Francisco: Jossey-Bass, 1988).
3. See Stanley Milgram, *Obedience to Authority* (New York: Harper Perennial Modern Classics, 2009).
4. 如果你不熟悉邁爾斯—布里格斯性格分類指標（ＭＢＴＩ），諮詢心理學家出版社（Consulting Psychologists Press）有許多出版品說明此一模型架構及其應用。另一個絕佳的參考資源是 David Keirsey 和 Marilyn Bates 合著之 *Please Understand Me: Character and Temperament Type* (Del Mar, CA: Prometheus Nemesis, 1984).
5. 進一步閱讀可參見 Terrence E. Deal and Allan A. Kennedy, *Corporate Cultures* (New York: Basic Books, 2000); Edgar H. Schein, *Organizational Culture and Leadership,* 3rd ed. (San Francisco: Jossey-Bass, 2004); and Geert Hofstede, *Cultures and Organizations: Software of the Mind,* 2nd ed. (New York: McGraw-Hill, 2004).

第九章

1. Herman Melville, "Bartleby the Scrivener" (Lexington, KY: ReadaClassic.com, 2010).
2. *Diagnostic and Statistical Manual of Mental Disorders*, 4th ed. (Washington, DC: American Psychiatric Association, 1994), 733.

第十章

1. 關於卡地夫巨人的充分討論，參見 Scott Tribble, *A Colossal Hoax: The Giant from Cardiff That Fooled America* (Lanham, MD: Rowman & Littlefield, 2009).
2. Mark Seal, "Madoff's World," *Vanity Fair* (April 2009), 129.
3. Ibid., 135.
4. *Diagnostic and Statistical Manual of Mental Disorders,* 4th ed. (Washington, DC: American Psychiatric Association, 1994), 661.
5. Erin E. Arvedlund, "What We Wrote About Madoff," *Barron's Online* (December 22, 2008).
6. "Bernie Madoff's Victims: The List," *Clusterstock* (December 23, 2008).

第十一章

1. Judith Lynn Fisher-Blando, "Workplace Bullying: Aggressive Behavior and Its Effect on Job Satisfaction and Productivity" (doctoral dissertation, University of Phoenix, January 2008), iii.

2. Bethany McLean and Peter Elkind, *The Smartest Guys in the Room: The Amazing Rise and Scandalous Fall of Enron* (New York: Penguin Books, 2004), 241.
3. Robert Bryce, *Pipe Dreams: Greed, Ego, and the Death of Enron* (New York: PublicAffairs, 2003), 269.
4. M cLean and Elkind, *The Smartest Guys in the Room,* 200.
5. Kurt Eichenwald, *Conspiracy of Fools* (New York: Broadway Books, 2005), 11.

附錄 B

1. Robert J. House, Paul J. Hanges, Mansour Javidan, Peter W. Dorfman, and Vipin Gupta, eds. *Culture, Leadership, and Organizations: The GLOBE Study of 62 Societies* (London: SAGE Publications, 2004), 468.
2. Ibid., 410.

圖片版權及書籍引用版本說明

Part I

25 Cover photo © Ilya Terentyev/iStockphoto.com.

第一章

31 Sitting dog (photo © Brenda A. Carson/iStockphoto.com), jumping dog (photo © appyborder/iStockphoto.com).

Part II

67 Cover photo © Valentin Casarsa/iStockphoto.com.

第三章

79 Albert Einstein (Library of Congress—Oren Jack Turner/Getty Images).

95 Ruth Bader Ginsburg (photo by Bloomberg via Getty Images).

第四章

112 Kenneth R. Feinberg (photo by Mark Wilson/Getty Images).

122 Vince Lombardi (photo by Marvin E. Newman/Sports Illustrated/Getty Images).

第六章

159 Peter Drucker (photo by George Rose/Getty Images).

169 George H. W. Bush, Dick Cheney, and Colin Powell (photo by Jerome Delay/AFP/Getty Images).

第七章

184 Mia Hamm (photo by Richard Schultz/WireImage/Getty Images).

197 Ashley Olsen with Tommy Hilfiger (photo by Jamie McCarthy/Getty Images).

Part III

233 Cover photo © Valentin Casarsa/iStockphoto.com.

第十章

259 Bernard Madoff (photo by Timothy A. Clary/AFP/Getty Images).

第十一章

289 Jeffrey Skilling (photo by Dave Einsel/Getty Images).

291 Andrew Fastow (photo by Bloomberg via Getty Images).

國家圖書館出版品預行編目資料

影響力的要素：如何讓人對你心悅誠服 / 泰瑞 . 貝肯 (Terry R. Bacon) 著 ; 洪慧芳譯 . -- 二版 . -- 臺北市 : 商周 , 城邦文化出版 : 家庭傳媒城邦分公司發行 , 2019.04
面； 公分
譯自 : Elements of influence : the art of getting others to follow your lead

ISBN 978-986-477-643-6(平裝)

1. 企業領導

494.2 108003850

影響力的要素
如何讓人對你心悅誠服

原著書名／Elements of Influence: The Art of Getting Others to Follow Your Lead
作　　者／泰瑞・貝肯（Terry R. Bacon）
譯　　者／洪慧芳
企劃選書／林宏濤
責任編輯／夏君佩、陳名珉

版　　權／林心紅
行銷業務／李衍逸、黃崇華
總 編 輯／楊如玉
總 經 理／彭之琬
發 行 人／何飛鵬
法律顧問／元禾法律事務所 王子文律師
出　　版／商周出版
城邦文化事業股份有限公司
台北市中山區民生東路二段 141 號 4 樓
電話：(02) 25007008 傳真：(02) 25007759
E-mail：bwp.service@cite.com.tw
發　　行／英屬蓋曼群島商家庭傳媒股份有限公司城邦分公司
台北市中山區民生東路二段 141 號 2 樓
書虫客服服務專線：(02) 25007718・(02) 25007719
24 小時傳真服務：(02) 25001990・(02) 25001991
服務時間：週一至週五 09:30-12:00・13:30-17:00
郵撥帳號：19863813 戶名：書虫股份有限公司
讀者服務信箱 E-mail：service@readingclub.com.tw
歡迎光臨城邦讀書花園 網址：www.cite.com.tw
香港發行所／城邦（香港）出版集團有限公司
香港灣仔駱克道 193 號東超商業中心 1 樓
Email：hkcite@biznetvigator.com
電話：(852) 25086231 傳真：(852) 25789337
馬新發行所／城邦 (馬新) 出版集團【 Cite (M) Sdn. Bhd. 】
41, Jalan Radin Anum, Bandar Baru Sri Petaling, 57000 Kuala Lumpur, Malaysia
電話：(603) 90578822 傳真：(603) 90576622

封面設計／李東記
印　　刷／韋懋實業有限公司
總 經 銷／聯合發行股份有限公司
電話：(02)29178022 傳真：(02)29110053 客服專線：0800055365

■ 2013 年 5 月 30 日初版
■ 2019 年 4 月 11 日二版初刷
定價／ 400 元

Printed in Taiwan
城邦讀書花園
www.cite.com.tw

Original title: Elements of Influence: The Art of Getting others to Follow your Lead